농업기술길잡이 104

수박

농촌진흥청

대표집필부서

국립원예특작과학원 채소과

집필진

제1장 재배 현황과 경영적 특성

정주형 전라북도농업기술원 과채류연구소 수박시험장

제2장 수박의 생리생태 특성

김태복 국립원예특작과학원 기획조정과

이경용 국립농업과학원 양봉생태과

제3장 품종

허윤찬 국립원예특작과학원 약용작물과

제4장 육묘

장윤아 국립원예특작과학원 채소과

제5장 터널조숙 및 노지재배

성문호 전라북도농업기술원 원예과

제6장 시설재배

임정현 전라북도농업기술원 과채류연구소 수박시험장

제7장 수박의 생리 및 이어짓기 장해

이상규 국립농업과학원 에너지환경공학과

제8장 수박 병해충 방제

임정현 전라북도농업기술원 과채류연구소 수박시험장

감수

이옥진 국립원예특작과학원 채소과

노진호 국립농업과학원 기술지원과

대표집필부서 국립원예특작과학원 채소과

편집기획 농촌진흥청 기술보급과 조은희, 한종석, 변재완
국립원예특작과학원 기술지원과 유군선, 정은수

2023년 5월 31일 1판 1쇄 인쇄
2023년 5월 31일 1판 1쇄 발행

지 은 이 농촌진흥청 기술보급과
발 행 인 이헌숙
표 지 김학용
발 행 처 생각쉼표 & 주)휴먼컬처아리랑
경기 양평군 옥천면 용천로 37
전 화 070) 8866 - 2220
등록번호 제 2009 - 000008호
등록일자 2009년 12월 29일

www.휴먼컬처아리랑.kr
ISBN 979-11-6537-344-3

농업기술길잡이 104

수박

농촌진흥청

CONTENTS

제3장 품종

제4장 육묘

제5장 터널조숙 및 노지재배

제6장 시설재배

제7장 수박의 생리 및 이어짓기 장해

제8장 수박 병해충 방제

제1장 재배 현황과 경영적 특성

1. 재배 면적 및 생산량
2. 가격 동향
3. 투하노동력
4. 표준소득
5. 중장기 수급 및 생산 전망
6. 수박의 유통
7. 농산물 표준규격(수박)
8. 수박의 수출 현황
9. 경영적 특성

1. 재배 면적 및 생산량

재배 면적 및 생산량

여름철 갈증을 해소해 주는 제철 과일로 손꼽히는 수박은 주로 고온지대에서 재배되고 있다. 세계식량농업기구(FAO) 통계에 의하면 2020년 전 세계 수박 재배 면적은 3,053,258㏊이고 생산량은 약 10,162만 톤에 이른다. 중국이 1,405,871㏊에서 6,025만 톤을 생산하여 전체의 59.3%를 차지하는 세계 1위 생산국이다.

중국에 이어 인도, 이란, 러시아, 브라질, 세네갈, 튀르키예, 아프가니스탄, 베트남, 알제리 순으로 재배 면적이 넓다. 주로 아시아에서 많이 재배되고 있으며 한국은 11,580㏊에서 47만 톤을 생산하여 세계 24위를 나타내고 있다. 연도별 생산량 변화를 보면 재배 면적은 1995년 2,333,908㏊에서 2020년에는 3,053,258㏊로, 생산량은 4,162만 톤에서 10,162만 톤으로 계속적인 증가세를 보이고 있다. 이는 재배 면적 증가에 따른 생산량 증가보다 품종개량 및 재배법 개선 등 단위 면적당 생산 능력 증가 요인이 큰 것으로 생각된다.

〈표 1-1〉 주요국의 재배 면적과 생산량

구분	중국	인도	이란	러시아	브라질	튀르키예	미국	한국	일본
면적(천ha)	1,406	110	101	100	98	78	39	12	9
생산량(천t)	60,247	2,787	2,736	1,584	2,185	3,492	1,742	467	309
수량(kg/ha)	42,988	25,336	27,164	15,830	22,248	44,661	44,504	40,287	32,754

※ 2020년 세계식량농업기구(FAO) 농업 통계자료, 2022

〈표 1-2〉 연도별 생산량 추이

구분	1995년	2000년	2005년	2010년	2015년	2020년
면적(천ha)	2,334	3,152	3,252	3,206	3,177	3,053
생산량(천t)	41,623	76,683	91,175	93,531	100,991	101,620
수량(kg/ha)	17,837	24,331	28,039	29,174	31,788	33,283

※ 2020년 세계식량농업기구(FAO) 농업 통계자료, 2022

단위 면적당 생산량은 생산기술의 발달로 계속 증가하였으며 1990년대에는 주요 생산국 중 일본이 가장 높았으나 이후부터 한국, 중국, 미국의 증가속도가 빨라 2005년 이후에는 한국이 가장 높았다. 2020년에는 중국, 미국의 단위 생산량이 증가하였으며 특히 미국에서 급증하며 가장 높게 나타났다.

〈표 1-3〉 주요국의 단위 생산량

(단위 : kg/ha)

연도	중국	이란	러시아	미국	한국	일본
2000년	31,665	19,863	4,540	25,364	30,303	34,355
2005년	35,078	24,795	9,396	31,167	39,039	33,597
2010년	36,880	24,671	9,776	34,832	41,401	31,556
2015년	40,479	29,580	10,899	34,140	41,775	32,057
2020년	42,989	27,164	15,830	44,504	40,288	32,755

※ 2020년 세계식량농업기구(FAO) 농업 통계자료, 2022

우리나라의 수박재배 면적은 1980년 이후 수요 증가와 함께 매년 큰 폭으로 증가하다가 1995년 4만 5,207ha를 정점으로 그 이후에는 점차 감소하는 경향을 보여 2013년에 1만 488ha로 1/3로 줄어들었다. 그러나 이 기간 동안 상대적으로 노지재배 면적에 비해 시설재배 면적의 증가추세가 두드러졌다. 시설재배 면적은 수박재배 면적이 최고 정점인 1995년에 1만 8,977ha였고 그 후 계속 증가하여 2000년에 2만 952ha였으나 2020년에는 8,957㏊로 감소했다. 총 생산량도 1980년 이후 재배 면적에 따라 증가하였고 1995년 112만 톤을 보여 최고 생산량을 기록하였으며 그 이후 재배 면적이 점차 감소하여 2020년에 46만 7천 톤이 생산되었다.

시설재배의 경우 경남 함안, 진주 등의 남부 지역을 중심으로 재배하기 시작하여 1990년 이후 소비자들의 고품질 수박 욕구와 단경기(농산물의 공급량이 수요량보다 훨씬 적어지는 시기) 소비 촉진으로 소비가 급격히 늘어남에 따라 생산량이 증가하게 되었다.

〈표 1-4〉 연도별 수박재배 면적과 생산량

연도	합계		노지수박			시설수박		
	재배 면적 (ha)	생산량 (천 톤)	재배 면적 (ha)	수량 (kg/10a)	생산량 (천 톤)	재배 면적 (ha)	수량 (kg/10a)	생산량 (천 톤)
1980년	16,714	362	15,687	2,133	335	1,027	2,688	28
1985년	24,500	556	21,208	2,229	473	3,292	2,531	83
1990년	25,681	593	20,277	2,204	447	5,404	2,708	146
1995년	45,207	1,120	26,230	2,242	588	18,977	2,804	532
2000년	30,451	923	9,499	2,365	225	20,952	3,332	698
2005년	23,179	904	4,055	3,144	127	19,124	4,055	777
2010년	16,396	679	2,293	2,866	66	14,103	4,347	613
2015년	15,185	634	2,613	3,435	90	12,572	4,332	545
2020년	11,580	467	2,623	3,141	82	8,957	4,288	384

※2020년 채소 생산실적, 농림축산식품부, 2022

시설재배 면적이 늘어난 이유는 노지재배에 비해 기상여건의 영향을 적게 받을 뿐만 아니라 작황의 변화도 적게 받는다는 장점이 있기 때문이다. 또한 농가들의 재배기술 발달과 재배방식 분화로 연중 생산과 소비가 이루어져 사철 과일로 정착되고 있다.

지역별 수박 재배 면적(2020년)은 충남이 2,591㏊로 전체 재배 면적의 22.4%를 차지하고 그 다음이 전북, 충북, 경남의 순이다. 노지재배는 경북, 전북에서 많으며 전체 노지재배 면적의 65%를 차지하고 있다. 시설재배는 충남이 2,576㏊로 가장 많으며 그 다음으로 충북, 경남, 전북 순이다.

〈표 1-5〉 지역별 수박재배 면적과 생산량

구분	합 계		노지수박			시설수박		
	재배 면적 (ha)	생산량 (천 톤)	재배 면적 (ha)	수량 (kg/10a)	생산량 (천 톤)	재배 면적 (ha)	수량 (kg/10a)	생산량 (천 톤)
충북	2,213	69	259	3,167	8	1,953	3,132	61
충남	2,591	138	15	5,200	1	2,576	5,312	137
전북	2,235	93	823	3,628	30	1,412	4,493	63
전남	556	23	128	3,803	5	427	4,207	18
경북	1,271	40	883	2,734	24	388	4,205	16
경남	1,622	60	27	3,007	1	1,595	3,733	60
제주	345	8	309	2,397	7	35	2,572	1

※ 2020년 채소류 생산실적, 농림축산식품부, 2022

2. 가격 동향

수박의 출하는 1990년대에는 5월에서 8월 사이에 전체 출하량의 90% 이상이, 2000년대에는 85% 이하로 이루어져 그 비율이 점점 낮아지고 있다. 즉 3~4월과 9~10월의 출하량이 늘어난 것을 알 수 있다.

월별 주요 출하 지역을 보면 1~4월까지 조기 출하 지역은 함안, 고령, 논산, 익산 등으로 이들 지역은 겨울철에 눈이 적고 따뜻하여 촉성재배하는 데 유리하다. 5~7월 출하 지역은 음성, 고창, 논산 등의 지역이다. 8~10월은 양구, 음성, 봉화 등의 지역에서, 11~12월은 함안, 음성, 고창 등의 지역에서 주로 출하된다.

연도별 수박 가격을 보면 2019년도에 가장 높은 가격대를 형성하였고, 2017년에 가장 낮은 가격을 형성하였다. 2015년 이후에는 대체로 비슷한 가격을 형성하여 ㎏당 1,900원대를 유지하였다. 월별 가격은 2~4월이 비교적 높은 가격을 보였고 9월에는 대체로 가격이 떨어지는 경향을 보였다.

〈표 1-6〉 수박 연도별 및 월별 반입 동향 (단위 : M/T)

월별	1999년	2002년	2006년	2009년	2013년	2017년	2021년
1월	331	394	562	670	442	490	364
2월	268	384	542	556	445	364	409
3월	700	766	660	602	863	634	475
4월	3,232	5,397	2,672	2,837	2,042	2,669	2,108
5월	14,008	17,319	11,853	13,164	10,962	11,046	9,325
6월	24,867	23,278	16,215	15,787	19,191	17,690	14,971
7월	33,403	20,348	14,278	16,983	17,964	15,209	14,382
8월	14,750	9,140	8,361	11,770	8,116	6,050	7,214
9월	2,613	2,173	2,195	2,927	1,626	2,089	1,505
10월	1,012	1,239	1,813	1,547	1,592	1,037	492
11월	626	721	1,247	1,235	982	747	372
12월	469	758	1,178	920	801	824	303
계	96,101	81,919	61,578	68,998	65,026	58,850	51,921

※ 2021년 농수산물 거래연보, 서울시농수산식품공사, 2022

〈표 1-7〉 월별 주 출하 지역

월 별	1월	2월	3월	4월	5월	6월	7월	8월	9월	10월	11월	12월
반입물량(톤)	364	409	475	2,108	9,325	14,971	14,382	7,214	1,505	492	372	303
비율(%)	0.7	0.8	0.9	4.1	18.0	28.8	27.7	13.9	2.9	0.9	0.7	0.6
주 출하지역	함안, 고령, 논산, 익산, 고창				음성, 양구, 고창, 논산			양구, 음성, 봉화			함안, 고창, 음성	

※ 2021년 출하지 분석집, 서울시농수산식품공사, 2022

〈표 1-8〉 연도별 수박 가격

(단위: 원/8kg, 등급 : 중)

2015년	2016년	2017년	2018년	2019년	2020년	2021년
14,921	14,493	13,413	16,784	18,020	14,983	15,980

※ 2021년 농수산물 거래연보, 서울시농수산식품공사, 2022

〈표 1-9〉 월별 수박 가격

(단위: 원/8kg, 등급 : 중)

월별	1월	2월	3월	4월	5월	6월	7월	8월	9월	10월	11월	12월
2019년	31,687	22,797	21,344	21,564	15,003	10263	11,789	10,700	8,122	14,336	22,609	26,020
2020년	23,325	22,092	19,471	21,369	13,688	12,910	12,373	15,758	13,678	7,703	9,742	7,691
2021년	8,864	19,014	24,914	23,444	13,682	12,589	17,512	14,157	9,222	11,051	18,528	18,787

※ 2021년 출하지 분석집, 서울시농수산식품공사, 2022

3. 투하노동력

재배방식에 따른 10a당 노동투하시간을 보면, 조금 당겨 가꾸기(반촉성재배)는 113.7시간, 노지재배는 86.0시간이 소요되어 조금 당겨 가꾸기에서 더 많은 노동력이 소요된다. 그 중 자가 노력은 조금 당겨 가꾸기의 경우 78.6시간이 소요되어 전체의 69.1%를 차지하고, 노지재배는 36.4시간이 소요되어 전체의 42.3%를 차지하여 조금 당겨 가꾸기의 고용노동 비율이 낮다.

작업 단계별로는 순지르기 및 솎아내기가 37.2시간(조금 당겨 가꾸기)과 37.3시간(노지재배)이 소요되어 가장 많은 노동력이 투입되고 수확, 덩굴유인, 아주심기 작업에 많은 시간이 소요된다.

〈표 1-10〉 재배방식별 투입 노동력

(단위 : 시간/10a)

구분	자가 노력			고용노력			합계		
	남	여	계	남	여	계	남	여	계
조금 당겨 가꾸기	50.6	28.0	78.6	8.6	26.6	35.1	59.2	54.6	113.7
노지재배	21.7	14.7	36.4	13.5	36.0	49.5	35.3	50.7	86.0

※ 2020년 농산물 소득정보, 농촌진흥청, 2022

〈표 1-11〉 수박 작업 단계별 투입 노동력

(단위 : 시간/10a)

구분	조금 당겨 가꾸기(반촉성재배)			노지재배		
	자가노력	고용노력	계	자가노력	고용노력	계
종자 준비, 소독	0.0	-	0.0	0.0	0.0	0.1
묘판 준비, 설치	0.0	-	0.0	0.1	0.1	0.2
파종	0.0	-	0.0	0.3	0.3	0.6
접목	-	-	-	0.5	0.7	1.1
한때심기	-	-	-	-	-	-
묘판관리	0.1	-	0.1	0.1	-	0.1
하우스 설치	1.5	1.1	2.6	0.7	0.1	0.8
하우스 관리	5.4	0.2	5.6	0.2	-	0.2
퇴비 및 밑거름주기	3.6	0.6	4.2	1.4	0.5	1.9
토양갈이, 땅고르기	3.8	0.1	3.9	1.5	0.5	2.0
비닐 및 흙덮기	4.3	1.8	6.1	2.8	5.1	7.8
아주심기	3.7	3.7	7.4	1.9	6.8	8.7
받침대, 네트 세우기	0.6	0.3	0.9	0.3	0.4	0.7
웃거름주기	3.4	0.1	3.5	1.2	0.2	1.4
병해충방제	6.3	0.1	6.4	5.8	2.6	8.4
김매기	1.0	0.6	1.6	0.6	0.4	1.0
덩굴유인	7.0	3.4	10.4	1.6	1.7	3.3
순지르기, 솎아내기	20.1	17.2	37.2	11.3	26.1	37.3
물 관리	4.9	0.2	5.0	1.4	0.2	1.5
온도관리	4.3	0.3	4.6	0.7	1.1	1.8
수확	3.9	3.4	7.2	2.4	0.6	3.1
선별, 포장	0.8	1.0	1.8	-	0.3	0.3
운반, 저장	0.8	0.5	1.3	-	0.0	0.0
기타(수정 등)	3.1	0.7	3.8	1.8	2.1	3.9
계	78.6	35.1	113.7	36.4	49.5	86.0

※ 2020년 농산물 소득정보, 농촌진흥청, 2022

4. 표준소득

재배 방식별 수박의 전국 표준소득은 반촉성재배가 10a(300평)당 285만 1,008원으로 노지재배 185만 3,446원보다 약 1.5배 높다. 이는 반촉성재배가 수량이 높고 조기 출하에 따른 높은 가격으로 조수익*이 높기 때문이다. 그러나 경영비는 1.4배로 많은 비용이 투입된다. 지역별 수박의 표준소득은 노지재배에서 전북이 가장 높고 이어 충북, 경북 순이고 반촉성재배는 충남이 가장 높고 경북, 충북 순이다.

〈표 1-12〉 재배방식별 수박의 표준소득

구분	반촉성재배(조금 당겨 가꾸기)	노지재배
수량(kg)	4,654	4,273
총수입(원)	5,690,183	3,844,725
중간재비(원)	2,302,744	1,200,399
경영비(원)	2,839,175	1,991,279
소득(원)	2,851,008	1,853,446
부가가치(원)	3,387,439	2,644,326
소득률(%)	50.1	48.2
상품화율(%)	99.0	99.6

※ 1년에 한 번 수확/10a기준, 2020년 농산물 소득정보, 농촌진흥청, 2022

TIP *조수익(粗收益) : 1년간의 농업경영의 성과로 얻은 농산물과 부산물의 가격을 모두 더한 금액

〈표 1-13〉 지역별 노지재배 수박의 표준소득

구분	충북	전북	전남	경북	제주
수량(kg)	5,063	5,978	3,050	4,538	2,177
총수입(천 원)	3,356	5,591	5,866	4,323	2,246
경영비(천 원)	1,534	2,070	1,972	2,729	892
소득(천 원)	1,822	3,521	894	1,594	1,354
소득률(%)	54.3	63.0	31.2	36.9	60.3

※ 2020년 지역별 농산물 소득자료, 농촌진흥청, 2022

〈표 1-14〉 지역별 반촉성재배 수박의 표준소득

구분	충북	충남	전북	전남	경북	경남
수량(kg)	5,150	5,013	4,514	5,059	4,801	3,421
총수입(천 원)	5,589	6,761	5,095	4,887	6,472	5,278
경영비(천 원)	2,838	2,658	3,107	2,760	2,882	275
소득(천 원)	2,750	4,104	1,987	2,127	3,590	2,543
소득률(%)	49.2	60.7	39.0	43.5	55.5	48.2

※ 2020년 지역별 농산물 소득자료, 농촌진흥청, 2022

5. 중장기 수급 및 생산 전망

수박 재배 면적은 2022년 1만 2천ha에서 2031년 1만 373ha로 연평균 1% 감소할 것으로 전망된다. 타 작목에 비해 신규농(후계농)의 유입이 적고, 농가 고령화로 노동 인력이 줄어들면서 중장기적으로 재배 면적은 감소할 것으로 전망된다. 수박 단수는 2022년 3,978kg/10a에서 2031년 4,161kg/10a로 연평균 1% 증가할 것으로 전망된다. 수박 재배 기술은 노동 강도를 줄이면서 수확량을 높일 수 있는 토경 수직재배 기술, 고설베드 수경재배, 스마트팜 수경재배 기술 개발 등으로 점차 향상되고 있다. 중장기적으로 이러한 재배 기술들이 농가에서 실용화된다면 과실 수량성을 향상시켜 단수는 증가할 것으로 전망된다. 수박의 생산량은 단수 증가하나, 재배 면적이 감소하여 2031년 43만 2천 톤 수준으로 전망된다. 수박 1인당 연간 소비량은 생산량 감소로 2022년 9.1kg에서 2031년 8.4kg으로 줄어들 전망이다. 1인 가구가 증가하면서 일반수박은 껍질이 두꺼워 보관이 힘들고, 음식물 쓰레기 발생량이 많아 대과형 과일 수요가 줄어들고 있는 추세이다.

〈표 1-15〉 수박 중장기 수급 전망

구분	2021	전망		
		2022	2026	2031
재배 면적(ha)	11,748	11,818	11,197	10,373
단수(kg/10a)	3,852	3,978	4,058	4,161
생산량(천 톤)	452.5	470.1	454.4	431.6
1인당 소비량(kg)	8.7	9.1	8.8	8.4

※ 2022 농업전망, 한국농촌경제연구원, 2022

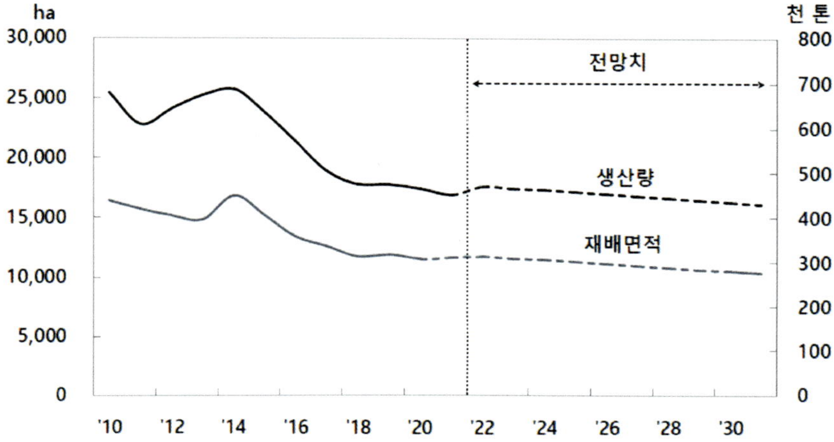

〈그림 1-1〉 수박 중장기 생산 전망

6. 수박의 유통

수박의 주요 유통 경로는 생산자 → 수집상 → 도매상 → 소매상 → 소비자에 이르는 4단계이다. 대부분의 주산지에서 수집상들에 의한 포전매매 형태로 거래가 이루어지고 있다. 포전매매는 수확하기 10~30일 전에 거래금액의 20~30% 정도의 계약금을 지불하고 수확하기 직전에 잔금을 완불하는 형태이다.

이와 같은 거래는 수집상은 안정적으로 물량을 확보하고 생산자는 수확기 가격 예측의 어려움과 기상이변 등에 대한 위험부담을 줄임과 동시에 약간의 현금을 미리 확보할 수 있어 많이 이루어지고 있다. 그러나 포전매매는 위탁상이나 시장 경매보다는 수익성이 높으나 계통출하*보다는 수익성이 떨어져 앞으로는 계통출하 비율을 높여 농가 수취가격을 높이는 것이 바람직하다.

〈표 1-16〉 유통형태별 수익성(노지재배)

(단위 : %)

구분	포전거래	위탁상	시장경매	노점판매	계통출하
조수입	1,021	968	946	1,732	1,280
경영비	463	503	503	482	498
소득	558	465	443	1,280	782

※ 전북농업기술원 조사자료

TIP *계통출하 : 작목반을 통해 단위농협, 농협공판장, 슈퍼마켓 등의 유통과정을 거쳐 출하하는 것

7. 농산물 표준규격(수박) (국립농산물품질관리원, 2022년)

중·대과종 수박

1) 적용범위

본 규격은 국내에서 생산되어 신선한 상태로 유통되는 수박에 적용하며 가공용 또는 수출용에는 적용하지 않는다.

2) 등급규격

항목＼등급	특	상	보통
① 색택	과피는 품종 고유의 색깔이 선명하고 윤기가 뛰어난 것	과피는 품종 고유의 색깔이 선명하고 윤기가 양호한 것	특·상에 미달하는 것
② 신선도	꼭지 절단부분의 마른 정도가 양호하고, 과피가 단단하고 신선한 것 (꼭지는 짧게 절단하는 것을 권장)	꼭지 절단부분의 마른 정도가 양호하고, 과피가 단단하고 신선한 것 (꼭지는 짧게 절단하는 것을 권장)	특·상에 미달하는 것
③ 숙도	과육은 성숙에 따른 품종 고유의 색깔이 뚜렷하고, 성숙 정도가 적당한 것	과육은 성숙에 따른 품종 고유의 색깔이 뚜렷하고, 성숙 정도가 적당한 것	특·상에 미달하는 것
④ 중결점과	없는 것	없는 것	5% 이하인 것 (부패·변질과는 포함할 수 없음)
⑤ 경결점과	없는 것	없는 것	20% 이하인 것

〈 용어의 정의 〉

1. 중결점과는 다음의 것을 말한다.

㉠ 부패, 변질 : 과육이 부패 또는 변질된 것

㉡ 과숙과 : 성숙이 지나치거나 과육이 연화된 것

㉢ 미숙과 : 타공음, 무늬의 선명도 등으로 보아 과육의 성숙이 덜 된 것

㉣ 병해충 : 역병 등 병해충의 피해가 있는 것

㉤ 상해 : 터지거나 찔리는 등의 상처가 있는 것. 다만 경미한 것은 제외한다.

㉥ 형상불량 : 기형구, 공동구(속이 빈 것), 빛깔 불량 등 그 결점의 정도가 현저한 것

2. 경결점과는 다음의 것을 말한다.

㉠ 병해충, 상해의 피해가 경미한 것

㉡ 품종 고유의 모양이 아닌 것

㉢ 기타 결점의 정도가 경미한 것

3. '씨 없는 수박'이란 수박을 4등분(꼭지 부위에서 세로로 한 번, 중간부위에서 가로로 한 번)으로 자른 단면에 보이는 씨가 껍질이 단단하며, 성숙한 씨눈(배, 胚)을 7개 이하로 가진 것을 말한다(단 미숙한 하얀색 씨껍질 종자는 제외).

〈표 1-17〉 중·대과종 수박의 크기 구분

호칭	4L	3L	2L	L	M	S	2S	3S
1개의 무게 (kg)	11.0 이상	10.0 이상 11.0 미만	9.0 이상 10.0 미만	8.0 이상 9.0 미만	7.0 이상 8.0 미만	6.0 이상 7.0 미만	5.0 이상 6. 0 미만	5.0 미만

※ 호칭 뒤의 명칭은 유통현실에 따를 수 있음

소과종 수박

1) 적용범위

본 규격은 국내에서 생산되어 신선한 상태로 유통되는 조롱수박에 적용하며 가공용 또는 수출용에는 적용하지 않는다.

2) 등급규격

항목 \ 등급	특	상	보통
① 낱개의 고르기	별도로 정하는 크기 구분표 [표 1-20]에서 무게가 다른 것이 없는 것	별도로 정하는 크기 구분표 [표 1-20]에서 무게가 다른 것이 없는 것	특·상에 미달하는 것
② 모양	품종 고유의 모양으로 윤기가 뛰어난 것	품종 고유의 도양으로 윤기가 양호한 것	특·상에 미달하는 것
③ 신선도	꼭지가 마르지 않고 싱싱한 것	꼭지가 마르지 않고 싱싱한 것	특·상에 미달하는 것
④ 중결점과	없는 것	없는 것	5% 이하인 것 (부패·변질과는 포함할 수 없음)
⑤ 경결점과	없는 것	없는 것	20% 이하인 것

〈 용어의 정의 〉

1. 중결점과는 다음의 것을 말한다.

㉠ 부패·변질과 : 과육이 부패 또는 변질된 것
(농익어 육질이 변질된 것을 포함한다.)

㉡ 병해충과 : 병해충의 피해가 있는 것

㉢ 미숙과 : 경도, 빛깔 등으로 보아 성숙이 현저하게 덜 된 것

㉣ 상해과 : 터진 상처, 찔린 상처, 눌린 상처 등이 있는 것. 다만 경미한 것은 제외한다.

㉤ 모양 : 모양이 심히 불량한 것

㉥ 기타 : 경결점과에 속하는 사항으로 그 피해가 현저한 것

2. 경결점과는 다음의 것을 말한다.

㉠ 품종 고유의 모양이 아닌 것

㉡ 병해충의 피해가 과일껍질에 그친 것

㉢ 상해 및 기타 결점의 정도가 경미한 것

〈표 1-18〉 소과종 수박의 크기 구분

호칭	2L	L	M	S
1개의 무게(kg)	2. 5 이상	1.7 이상 2.5 미만	1.3 이상 1.7 미만	1.3 미만

8. 수박의 수출 현황

우리나라의 수박 수출량은 2002년에 481톤이었으며, 이후 2007년까지 점차 감소해 35톤에 이르렀다. 2008년부터 수출이 늘어나 2011년에는 512톤을 수출하였으나 2013년에는 210톤 수출에 그쳤다. 수출국은 주로 홍콩, 일본이고 러시아에는 간헐적으로 수출하고 있는 실정이다.

수출하기 위해서는 대규모 단지 조성과 지원 정책이 필요하고 좋은 씨모(우량 종묘)의 재배 기술과 공급 체계 확립 및 수출국 소비자들의 기호에 맞는 농산품의 생산이 필요하다. 우리나라와 인접해 있는 일본은 매년 70만 톤의 신선농산물을 수입하고 있는데 수박은 한국, 멕시코, 미국 등으로부터 연간 2,000여 톤을 수입하고 있다. 일본인들이 좋아하는 수박 선택 기준을 보면 무게가 4~6kg 정도인 중과종으로 과의 가로/세로의 비가 0.95~1.05 범위의 원형계이다.

꽃 떨어짐의 흔적이 작고 줄무늬 색이 선명하며, 열매껍질(과피)이 얇고, 당도(13°Brix 이상)가 높아 섬유질이 적으면서 육질이 치밀한 것을 요구한다. 이와 같이 수출 대상국의 선택 기준을 파악하여 그에 따른 재배기술 개선과 품종개발 등을 통하여 수출에 힘써야 할 것이다.

〈표 1-19〉 수박 수출 현황

연도	2010년	2011년	2012년	2013년	2014년	2015년	2016년	2017년	2018년	2019년	2020년
수출량(톤)	300	512	270	210	490	286	317	213	268	214	350
금액(천 달러)	530	972	569	352	723	452	459	343	500	436	594

※ 2020년 농림수산식품 수출입동향 및 통계, 한국농수산식품유통공사, 2022

9. 경영적 특성

여름철에 집중 소비되는 대표적인 서민적 과실인 수박은 넓은 면적에 재배하기가 쉽고 다른 작물에 비해 일정한 간격을 두고 심는 포기 수가 적어 씨앗(종자) 값이 적게 든다. 하지만 이어짓기하는 땅(연작지)에서는 덩굴쪼김병 등에 의한 시듦 증상이 많이 발생하여 큰 피해를 받기 때문에 접목재배가 필수적이어서 접목을 위한 대목의 종자구입, 육묘 등의 작업과 노력 등의 비용이 더 든다. 시설재배는 가구당 재배 면적이 0.6~1ha(1,800~3,000평) 정도로 가족노동 중심으로 경영하고 있는데 비해 노지재배는 적게는 0.1ha(300평)에서 많게는 30ha(9만평)까지 재배하고 있다.

대규모재배는 아주심기, 가지고르기 및 수확작업 시 안정적인 인력 확보가 중요하며 이러한 농가들은 플러그묘 등의 모를 구입하여 사용하므로 좋은 모를 생산 공급하는 회사의 역할이 중요하다.

최근 고창, 영암 지역 등의 노지재배 지역에서 점차 시설재배 면적이 증가하면서 대규모재배 농가들은 시설면적도 대규모(2~4만 평)로 재배하는 기업경영농이 점차 늘어나고 있는 추세이다. 수박의 판매는 신용에 의하여 이루어지는 경우가 많고 시장성이 전국적이어서 판로가 넓고 수송성도 좋은 작물에 속한다. 수박은 낱개로 유통되어 노동력과 비용이 많이 드는 문제점이 있어 이에 대한 대책으로 재배지방법 및 유통방법의 개선이 요망된다.

수요기의 확대에 따라 일반 노지의 재배 면적에 자본이나 노동력이 적게 드는 재배(조방재배)에서 비가림재배 및 시설 내 집약재배까지 재배의 형태가 다양화하며 연중 생산되고 있어 이러한 추세는 더욱 증가할 것으로 전망된다.

핵심만 콕콕!!

제1장
재배 현황과 경영적 특성

1 재배 면적 및 생산량

- ▶ 세계 수박재배 면적은 305만 3,258ha, 생산량은 약 10,162만 톤이다.
- ▶ 세계 1위 생산국은 중국으로, 중국이 140만 5,871ha에서 6,025만 톤을 생산하여 전체의 59.3%를 차지하고 있다.
- ▶ 우리나라는 1만 1,580ha에서 47만 톤을 생산하여 세계 24위이다.

2 가격 동향과 주 출하지역

- ▶ 우리나라 수박은 2~4월에 비교적 높은 가격을 유지하고 있다.
- ▶ 수박 주 출하 지역은 1~4월의 경우 함안, 고령, 논산, 익산이며 5~7월은 음성, 고창, 논산, 8~10월은 양구, 음성, 봉화, 11월~12월은 함안, 음성, 고창이다.

3 투하노동력

- ▶ 조금 당겨 가꾸기는 노지재배보다 많은 노동력이 소요된다.
- ▶ 작업 단계별로 보면 순지르기와 솎아내기에 가장 많은 노동력이 투입되고 수확, 덩굴유인, 아주심기 작업 또한 많은 시간이 든다.

4 표준소득

- ▶ 수박의 전국 표준소득은 조금 당겨 가꾸기가 10a(300평)당 285만 1,008원으로 노지재배 185만 3,446원이다.

5 중장기 수급 및 생산 전망

▶ 수박 재배면적은 2022년 1만 2천 ha에서 2031년 1만 373ha로 연평균 1% 감소할 것으로 전망된다

▶ 수박 단수는 2022년 3,978kg/10a에서 2031년 4,161kg/10a로 연평균 1% 증가할 것으로 전망된다.

▶ 수박 1인당 연간 소비량은 생산량 감소로 2022년 9.1kg에서 2031년 8.4kg으로 줄어들 전망이다.

6 수박의 표준 출하규격

▶ 수박의 표준 출하규격은 빛깔, 신선도, 익은 정도, 중결점과, 경결점과에 따라 특, 상, 보통으로 구분한다.

- 과피는 품종 고유의 색깔이 선명하고 윤기가 뛰어난 것
- 꼭지 절단 부분의 마른 정도가 양호하고, 과피가 단단하고 신선한 것(꼭지는 짧게 절단하는 것을 권장)
- 과육은 성숙에 따른 품종 고유의 색깔이 뚜렷하고, 성숙 정도가 적당한 것
- 중결점과와 경결점과가 없는 것

제2장 수박의 생리생태 특성

1. 수박의 일반적 특성
2. 식물 부위별 특성
3. 개화 및 착과생리
4. 과실 비대생리

1. 수박의 일반적 특성

수박(*Citrullus lanatus*(Thunb.) Matsum. & Nakai)은 원산지가 남아프리카 중앙부 칼라하리(Kalahari) 사막과 주변의 사바나지대로 추정되고 있으며 박과에 속하는 일년생 호온성 식물이다. 낮 동안의 일사량이 충분할 경우 광합성을 촉진할 수 있는 적당한 온도는 25~30℃, 야간 광합성산물의 이동에 알맞은 온도는 16~20℃, 알맞은 땅 온도는 20℃ 내외이다.

10℃ 전후의 저온이 되면 생장점에 장해를 받아 순멎이 현상이 나타나게 된다. 광포화점*은 8만 Lux이고 광보상점*은 4,000Lux 정도이며, 토심이 깊고 공기가 잘 통하며 물 빠짐이 좋은 약산성 토양(pH 5.0~6.8)에서 잘 자란다. 수박은 연작장해를 비롯하여 환경 스트레스와 병해에 약하기 때문에 박이나 호박을 대목으로 이용하는 접목재배가 이루어지고 있다.

TIP

*광포화점 : 식물의 호흡작용에서 더 강하게 빛을 비추어도 광합성량이 증가하지 않을 때의 빛의 세기

*광보상점 : 식물이 흡수하는 이산화탄소의 양과 방출하는 양이 같아져 외부 공기 중에서 흡수하는 이산화탄소의 양이 0이 되는 빛의 강도

2. 식물 부위별 특성

종자

씨앗(종자)의 크기는 품종에 따라 다르며, 대개 과일이 작은 품종은 종자 크기가 작고 과일이 큰 품종은 크다. 생장에 있어서도 종자가 큰 품종들이 주로 초기 생장과 후기 생장이 왕성한 편이다. 우리나라에서 일반적으로 재배되고 있는 수박 종자는 갈색을 띠고 있으나 흰색과 흑색, 줄무늬 등 그 형태가 다양하다.

과일당 종자 수는 400~600개 정도이며 소과종에서의 종자 수는 대과종에 비하여 적다. 발아력은 저장방법에 따라서 다르나 보통 3년까지는 차이가 없고 4년 이후부터는 발아가 늦어지고 발아율도 떨어지며 6년 이후에는 거의 발아하지 않는다. 종자가 싹트는 데 적절한 온도는 28~30℃로 수분, 공기(산소)의 조건이 좋으면 파종 후 4일 정도에 떡잎이 땅 위로 올라온다.

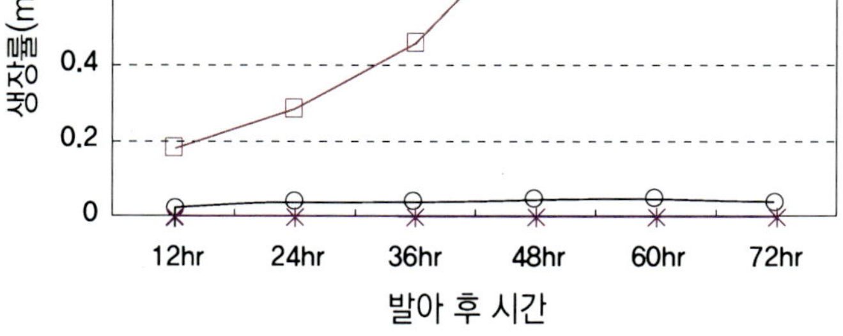

〈그림 2-1〉 온도별 곁뿌리의 생육(전라북도농업기술원 과채류연구소 수박시험장, 2000년)

뿌리

뿌리는 아주심은 후 3~7주 사이에는 지표면에서 30cm 이내에 분포하고 11~12주 정도가 되면 75cm 이내에 뿌리가 주로 분포한다. 뿌리의 자람은 덩굴의 자람과 비례하여 온도, 수분, 토양조건 등에 따라 영향을 받는다.

특히 수박의 뿌리는 산소를 좋아하는 특징(호기성)을 가져 토양 내 공기의 유통이 좋아야 식물의 생육이 왕성하다. 뿌리 발육은 다른 기관에 비하여 온도에 민감하며 뿌리가 자라기 적당한 온도는 20℃ 내외이며 생육 최저온도는 10℃이다. 그러나 13~14℃에서는 원뿌리의 자람뿐만 아니라 곁뿌리의 발생이 현저히 억제되어 양분과 수분의 흡수력도 거의 상실하게 된다.

잎·줄기

잎은 박과채소 중에서 가장자리가 가장 깊게 파여 들어가 있고 2/3잎 차례로 붙어 자라며 삼각형 형태로 3~5마디 사이의 잎이 가장 크다. 잎의 길이는 토양 내 질소함량이 많을수록 길어지고 상대적으로 잎 폭은 좁아지며 질소가 부족했을 때는 잎 길이가 짧고 잎 폭은 넓어진다. 영양생장이 강할수록 잎 가장자리의 파임은 얕아지고 덩굴의 끝순은 수직 방향으로 일어서며 덩굴이 굵어진다.

잎은 일찍 순지르기를 한 경우 또는 햇빛이 부족한 경우에는 잎이 얇고 커지며 잎자루는 길어져 결국 수박재배에 불리하게 된다. 특히 잎은 동화양분*의 생산기관이기 때문에 엽면적에 의해 과일의 크기와 품질이 결정된다. 정상적인 경우 과일 1개당 60매 정도의 완전히 전개된 건전한 잎이 필요하며, 저온기일수록 잎 수를 많이 확보해야 한다. 잎의 위치별 기능을 보면 열매가 달리는 마디(착과 마디) 전후의 잎이 과일 생육에 있어서 중요한 역할을 하고 있다. 따라서 열매가 달리는 마디 전후의 잎이 서로 겹치지 않도록 순치기를 하여 수광능률*을 높이는 것이 좋다.

TIP

*동화양분 : 생물체가 대기 중의 기체 질소 또는 토양이나 물속의 무기질소화합물을 사용해 각종 유기질소화합물로 바꾼 양분

*수광능률 : 엽면적당 광합성률에 대한 군락 내 잎들의 면적당 광합성 비율

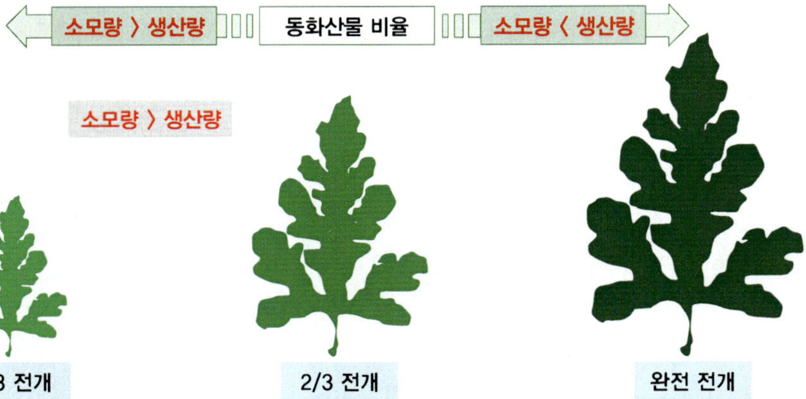

〈그림 2-2〉 잎 전개 정도별 동화산물 소모 및 생산 비율

꽃·과실

꽃은 수꽃과 암꽃이 각각 다른 잎겨드랑이에서 붙어 자라는 자웅이화동주형(Monoecious Type)으로 발달 초기까지는 성의 구별이 없이 발육되어 그 후 암꽃이나 수꽃으로 분화되고 때로는 한 꽃 안에 암술과 수술을 가지는 양성화로 분화되기도 한다. 암꽃은 수술이 생긴 후 중앙 부위로부터 여러 개의 암꽃기관이 생겨서 발육하고 수술은 발육을 정지한다.

그래서 정상적인 암꽃이라 하더라도 암술 밑 부분에 수술의 흔적이 존재한다. 꽃잎은 대부분 5개이고 암술의 머리와 심실 수는 동일하게 3개이지만 영양조건에 따라서 4~5개가 되는 경우도 있다. 수꽃은 꽃자루가 암꽃에 비하여 훨씬 가늘고 꽃가루의 직경은 50㎛ 정도 되며 꽃가루의 발아공은 주로 3개이다.

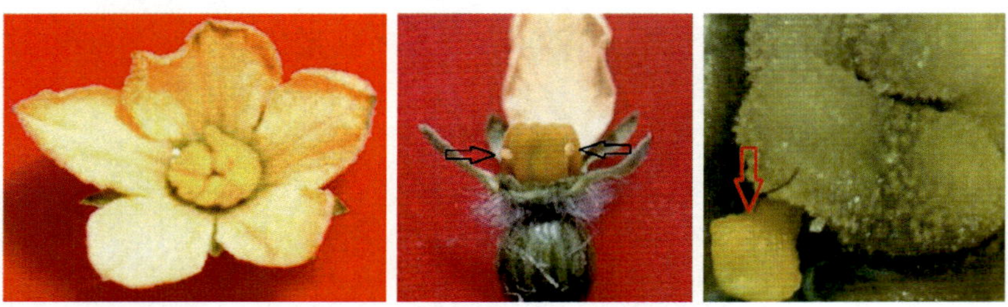

〈그림 2-3〉 수박 수꽃과 암꽃 안에 있는 수술의 흔적

과일의 껍질은 연녹색으로부터 진녹색 또는 노란색까지 다양한 색채를 띠고 있으며 검정줄무늬도 다양하고 과일의 크기도 0.5kg에서 14kg에 이른다. 과육 색깔은 적색, 오렌지, 연노랑, 황색, 백색 등 5가지로 크게 구별할 수 있다.

3. 개화 및 착과생리

개화습성

수박의 꽃눈이 분화할 때 꽃받침, 꽃잎이 발육하여 맞붙을 무렵에 꽃잎의 안쪽에 수술이 생기고 그 후 수술 사이의 공간에 3~4개의 암술머리가 모여 암술이 형성되는데 이때까지는 암꽃과 수꽃의 구별이 없다. 이후 암술이 왕성하게 발육하면 암꽃, 수술이 왕성하게 발육하면 수꽃이 되고 암술과 수술이 함께 발달하면 양성화가 된다. 이렇게 수박 꽃은 암꽃과 수꽃 또는 양성화로 분화되는데 암꽃에 가까운 양성화는 일반적으로 영양상태가 좋을 때 많이 나타난다.

양성화는 열매 맺음(결실)이 잘되고 대과로 비대할 수 있으나 급격한 자람으로 인하여 열매가 터지기 쉽고 꽃자리 부분이 커서 상품성이 떨어진다.

꽃눈이 분화하여 개화할 때까지의 기간은 온도에 따라 차이가 있다. 최저기온이 10℃ 정도에서 분화된 암꽃은 28일 전후로 개화되지만 최저기온이 12℃ 정도를 유지한다면 개화시기는 일주일 정도 단축된다. 꽃눈이 분화된 후로부터 개화될 때까지의 기간은 암꽃이 수꽃보다 2일 정도 빠르기 때문에 암꽃은 1~2마디 밑의 수꽃과 동시에 개화한다. 개화시각은 광선과 온도에 따라 다르지만 환경이 양호한 조건에서는 오전 5시 전에 이미 수꽃이 먼저 피고 뒤따라 암꽃이 핀다. 꽃가루는 오전 6시경부터 꽃밥이 터지기 시작하여 오전 8시경이면 수정능력이 최고에 달하므로 교배는 아침 일찍 하는 것이 좋으며 가능한 한 오전 9시 이전에 마치는 것이 좋다.

개화 후 일정 시간이 지나면 암술머리에 즙액이 나와서 열매 달림(착과)을 저해하는데 햇빛이 강하거나 온도가 높을 때는 즙액이 빨리 발생되고 흐리거나 기온이 낮을 때는 오후가 되어도 즙액이 나오지 않는 경우가 있다. 그러나 즙액이 나오지 않았다 하더라도 오후 늦게 교배하는 것은 착과율이 떨어진다.

〈그림 2-4〉 수박 암꽃 개화 시 수꽃의 개화 상황(수꽃 4는 개화되지 않음)

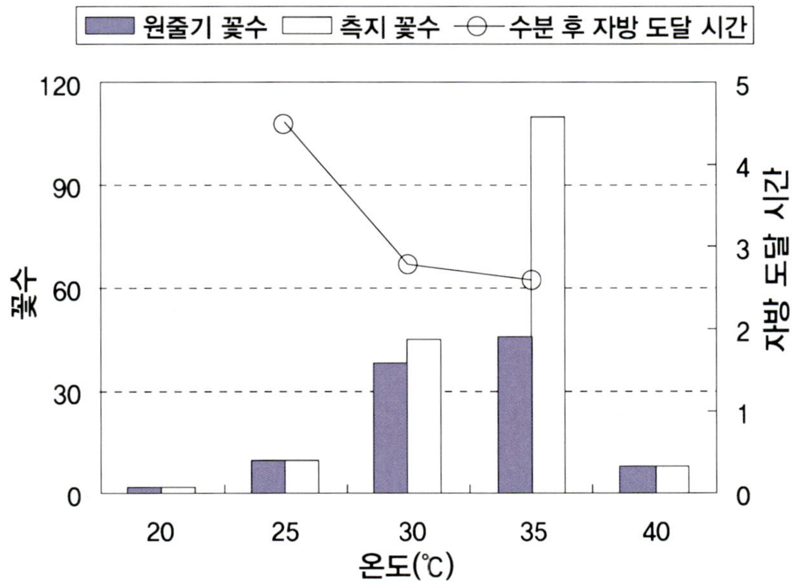

〈그림 2-5〉 온도별 꽃수 및 수정시간의 변화(1989년, Buttrose and Sedgley)

꽃눈분화 및 성 결정 마디

수박은 한 마디에 하나의 꽃이 피는데 수박 꽃의 분화속도는 어미덩굴보다는 아들덩굴에서 빠르고 아들덩굴 중에서도 어미덩굴을 본 잎이 4~5매 때 순지르기 한 것이 하지 않은 것보다 빠르다.

어미덩굴을 키울 경우에는 어미덩굴의 본잎이 5~6매(아주심은 직후) 정도 전개될 때 20마디 전후의 꽃눈이 분화된다. 동시에 15마디 전후에 필 꽃이 암꽃이 될지 수꽃이 될지 결정된다. 그 후 본잎이 7매 정도 전개되면 27마디 전후에 필 꽃눈이 분화되고 20마디의 전후에 필 꽃의 성이 결정된다.

육묘 후기부터 아주심기 초기까지의 환경 관리가 중요한 것도 이 시기에 꽃눈이 분화되기 때문이다. 아주심은 후 저온은 암꽃 생성이나 발육에 문제를 가져오며 열매가 달리는 시기에는 수꽃의 꽃밥 터짐이 나빠져 꽃가루의 활력이 떨어지게 된다.

아들덩굴의 경우 15마디의 분화는 제1잎 전개가 4~5cm 정도일 때 이루어지며 암꽃으로 결정되는 시기는 길이가 26cm 정도 되는 시기로 아주심은 후 1주일에서 2주일 사이가 된다. 이 시기에 고온이 계속되거나 일조량이 부족하게 되면 꽃으로의 양분 공급이 감소되어 소질이 불량하게 되는 경우가 많다. 그러므로 목적하는 시기에 원하는 마디에 착과시키기 위해서 적절한 환경 관리가 중요하다.

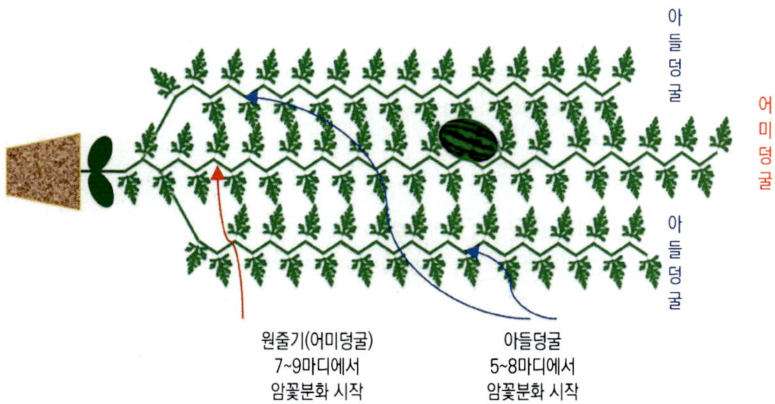

〈그림 2-6〉 어미덩굴과 아들덩굴 암꽃 착화

〈표 2-1〉 생육별 꽃눈분화 및 성 결정 마디(倉田, 1979년)

덩 굴	발육상황	꽃눈분화 마디	성 결정 마디
어미덩굴(원줄기)	본잎 5~6매 전개	20마디 전후	15마디 전후
	본잎 7매 전개	27마디 전후	20마디 전후
아들덩굴	제1잎 전개(4~5cm)	12~15마디	5~7마디
	제2잎 전개 (덩굴길이 26cm)	21~23마디	13~15마디
	제3잎 전개 (덩굴길이 35cm)	32~34마디	23~25마디

암꽃의 특성

가. 암꽃의 착화 습성

수박의 개화는 일장*보다 온도에 더 많은 영향을 받고 있으며 일장도 최소 8시간 이상의 연속 암기간이 필요하다. 그러나 8시간 이내의 단일조건에서는 암꽃의 마디를 낮추며 생장이 느려지는 경향이 있다. 암꽃의 발현은 저온과 단일조건에서 촉진되는데 온도가 일장보다 더 많은 영향을 주고 있다.

수박의 암꽃이 처음 붙어 자란 후에는 5~8마디 간격으로 암꽃이 핀다. 암꽃은 온도조건이 고온 또는 주야간의 온도차이가 적을수록 달리는 마디가 올라가며 32℃ 이상이 되면 암꽃의 분화가 억제된다. 암꽃 출현은 주간온도 27℃, 야간온도 22℃에서 용이하기 때문에 4월에 파종할 때 암꽃이 많아지는 경향이 있다.

그 밖에도 질소질 비료의 과다로 웃자라게 되면 역시 암꽃이 달리는 마디가 올라가며 일조조건과 호르몬 등의 영향을 받을 수 있다. 암꽃은 큰 것일수록 열매가 달리는 비율(착과율)이 좋으나 영양조건이 과다하면 암꽃이 달리는 마디의 간격이 길어지고 외관상으로는 암꽃이 크지만 소질은 불량하게 된다. 아들덩굴에서는 착과 마디의 암꽃을 충실하게 하기 위하여 착과 마디 부근에서 발생되는 손자덩굴을 일찍이 제거해 주는 것이 좋다.

TIP *일장(日長) : 1일 24시간 중 명암 비율을 뜻함

〈표 2-2〉 암꽃의 목표 마디와 꽃의 분화기(倉田, 1979년)

구분	재배 조건	암꽃의 목표 마디	암꽃 분화 시 모의 크기(본잎 수)
어미덩굴	저온일 때	20마디	6 잎 전개 직후
	생육에 적당한 온도	15마디	4~5 잎 전개 시
아들덩굴	저온일 때	15마디	아들덩굴 1 잎 전개 시
	생육에 적당한 온도	10마디	아들덩굴 1/2 잎 전개 시

〈그림 2-7〉 개화 전날 암꽃(왼쪽)과 갈변된 수꽃의 화분(오른쪽)

나. 암꽃의 분화

암꽃분화에 영향을 미치는 요인 첫 번째는 품종이다. 즉 품종에 따라서 암꽃의 생성마디가 다르고 암꽃과 암꽃 사이에 마디 수가 달라진다. 특히 소과종의 암꽃이 붙어 자라는 것은 온도와 질소량에 따라 민감하게 작용하는데 고온이나 질소가 과다하면 암꽃 형성이 극히 불량하게 된다. 둘째, 광합성 산물의 축적과 이동에 따라 달라지는데 햇빛이 충분하고 충실하게 자란 모종일수록 암꽃의 생성 수가 많아지기 때문에 낮 동안에는 햇볕을 충분히 쪼이도록 하는 것이 암꽃 붙어 자라기(착생)에 유리하다. 또한 3중 이상의 다중 비닐덮개는 광투과율이 낮아 동화량(섭식량으로부터 배설량을 뺀 양)이 감소하기 때문에 암꽃이 붙어 자라기에 불리한 것으로 판단된다.

셋째, 암꽃의 분화는 여러 가지 환경에 민감하게 반응하는데 고온이나 질소질이 과다하여 줄기가 웃자랄 조건에서는 암꽃이 적게 생성되는 반면 동화물질이 잘 축적되는 변온조건이나 약간의 저온관리하에서는 암꽃이 많이 분화된다. 질소함량이 적으면 25마디까지는 암꽃이 피는 수가 많았으나 그 이후의 마디에서는 다질소처리구보다 암꽃이 적게 피어났다. 품질이 양호한 착과 마디를 16~25마디 사이로 볼 때 육묘에서 생육 초기까지는 질소질 함량이 다소 적은 것이 암꽃생성에 유리하였으며 육묘 일수도 짧을 때 암꽃 붙어 자라기가 많았다. 수분조건은 너무 습한 조건에 비하여 건조처리에서 20마디 이후의 암꽃이 피는 수가 증가되었다.

수꽃의 특성

가. 꽃가루(화분)의 특성

충분한 암꽃이 형성되었다 하더라도 인공수분을 시키는 날에 꽃가루가 나오지 않으면 착과율이 현저히 떨어진다. 꽃가루가 터지고 발아하는 데는 온도와 밀접한 관계가 있으며 꽃필 때(개화기)에는 최소한 15℃ 이상의 온도 확보가 중요하다. 꽃가루는 노란색일수록 신선하며 양질의 꽃가루가 수정 능력이 우수하다.

꽃가루 발생 후 3시간 정도가 지나면 꽃가루 색깔이 갈색으로 변하고 활력이 급격히 떨어진다. 온도에 따른 꽃가루의 발아력은 9~10℃에서 0%, 12~14℃에서는 20~30%, 15~16℃에서는 50% 정도 되며 적당한 온도는 25~28℃이다. 적당한 온도에서 자란 수꽃은 크기에 큰 영향을 받지 않지만 저온에서 자란 수꽃은 큰 것이 좋다. 그러나 웃자란 상태에서는 큰 꽃이라 하더라도 꽃의 영양상태가 불량하여 꽃가루의 발아율이 떨어진다.

꽃가루의 수명에 있어서 개화 당일 오후 1시경까지는 발아율에 큰 차이가 없으나 꽃가루관이 자라는 것은 80% 정도로 다소 떨어진다. 수꽃을 실온에 방치한 후 다음날의 발아율은 50% 정도 되며 이틀 후에는 거의 발아하지 않는다.

나. 꽃가루 저장

수꽃의 개화 및 꽃밥터짐(개약)은 환경조건에 영향을 크게 받는다. 특히 시설재배에서는 일사량이 부족하거나 웃자란 상태에서는 꽃가루가 생성되지 않을 수도 있으며 심할 경우에는 수꽃의 발아율도 억제되어 제 기능을 하지 못하는 경우가 있다.

이와 같이 수꽃의 장해에 의한 착과 불량을 해결하기 위하여 꽃가루를 저장하여 이용한다. 꽃가루의 저장성은 온도와 습도에 따라서 영향을 받는데 실온에서도 건조기에 넣어두면 발아율은 2일까지, 꽃가루관 자람은 4일까지 전혀 차이가 없으며 5일 후에도 50% 이상 화분 발아력을 유지시킬 수 있다.

꽃가루는 맑은 날에 채취하여 플라스틱병이나 유리병(200~300mL)에 저장하면 좋다. 유리병 속에 청색 실리카겔을 1/2 정도 채운 다음 종이를 깔고 수꽃을 적당히 채운 후 밀폐하여 4~10℃에 보관하면 일주일 정도는 안전하게 사용할 수 있다. 장기간 저장할 경우 저장온도는 4℃보다는 10℃가 더 좋다.

최근 일본에서는 꽃가루에 연X선(X선 중 투과하는 능력이 비교적 작은 것)을 조사하여 이상 꽃가루를 만들어 그 꽃가루로 인공수분해 씨가 적은 수박을 생산하여 현재 실용화되어 있다. 이 꽃가루는 수정은 가능하나 수정 후 씨눈발육이 되지 않아 씨 없는 수박으로 발달된다. 수확량에는 별 차이가 없고 당도에 있어서는 약간 우수한 것으로 알려졌다.

꽃가루받이(수분)

가. 인공수분

저온기 하우스 재배에서는 방화곤충*이 없기 때문에 인공수분을 해야 하는데 일반적으로 수꽃의 꽃가루를 암술머리에 가볍게 문지르면 된다. 수꽃은 자가, 타가 및 다른 품종의 것이라도 열매 맺음이나 과일의 발육에 영향이 없으므로 가까운 곳에 있는 수꽃을 이용하면 된다. 꽃가루가 많은 시기에는 1개의 수꽃으로 2~3개의 암꽃에 수분시킬 수 있으나 꽃가루 양이 적을 때는 1개의 암꽃에 몇 개의 수꽃을 발라주는 것이 열매가 달리는 데 유리하다.

인공수분 시 최적온도는 20℃ 정도이며 최소 12℃ 이상을 유지시켜야 한다. 꽃밥터짐이 나쁜 시기에는 재배지 일부를 15~16℃로 보온하여 수꽃을 이용할 수 있다. 또한 개화하기 전날 초저녁에 수꽃을 따서 마르지 않게 보관한 후 다음날 이용하면 효과적이다.

수박은 꽃가루받이가 되어 꽃가루가 발아하거나 꽃가루관이 자라는 시간이 대

TIP *방화곤충 : 곤충에 의해 꽃가루가 운반되어 열매 맺게 되는 것을 충매화라고 하고 꽃가루를 운반하는 나비, 꿀벌 등의 곤충을 방화곤충 또는 매개곤충이라 한다.

체로 빠른 작물이다. 대개 꽃가루받이 후 18~25분이면 발아하기 시작하여 2~4시간에 암술대로 들어가게 되며 저녁에는 암술대 기부에 도달하게 된다. 그리고 밑씨(자방)로 들어가서 수정되는 시간은 다음날 아침이 된다. 씨방의 심실과 관련하여 암술머리는 보통 3~4개로 이루어져 있는데 수정이 한쪽에만 되었을 때는 과일의 발달도 한쪽으로 치우쳐 기형과가 되기 때문에 골고루 묻혀줘야 한다.

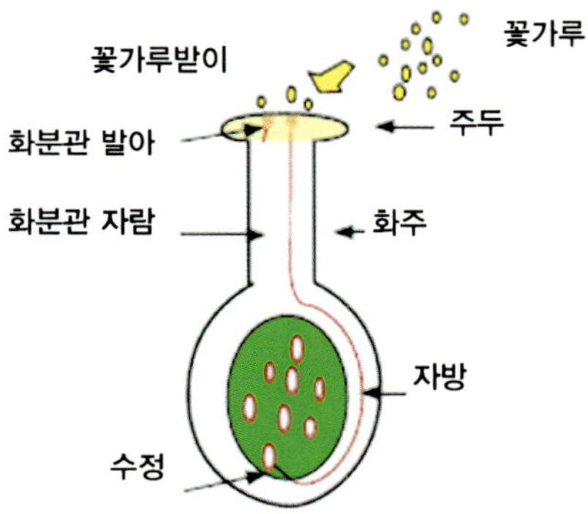

〈그림 2-8〉 수분과 수정 과정

나. 꿀벌을 이용한 수분

꿀벌은 인류에게 꿀을 제공할 뿐만 아니라 화분매개(花粉媒介, pollination)를 제공함으로써 작물의 안정적인 생산에 큰 역할을 한다. 수박에서도 인공수분의 노력을 줄이기 위하여 꿀벌을 사용할 수 있다. 특히 비닐하우스에서 수박의 착과를 위하여 꿀벌을 사용하는 비율은 계속 증가하고 있다. '화분매개 곤충 이용 현황 및 전망'에 따르면 2011년 수박에서 꿀벌을 이용하는 면적은 5,946ha로 전 재배 면적의 45.8%를 차지했으나, 2016년에는 8,153ha, 64.8%, 2020년에는 8,644ha로 92.7%로 조사되었다. 이처럼 꿀벌을 통한 수박의 수분은 하우스 수박을 재배하는 농가 10명 중 9명이 이용할 정도로 보편화되어 있어 수박의 안정적인 생산을 위해서 반드시 꿀벌을 효과적으로 이용할 수 있어야 한다.

〈표 2-3〉 2011~2020년 수박에서 이용되는 화분매개용 꿀벌 사용 현황

연도	총 재배 면적 (ha)	화분매개용 꿀벌 사용 면적 (ha)	화분매개용 꿀벌 사용률 (%)	화분매개용 꿀벌 사용 농가 수	연간 사용되는 꿀벌 통 수 (봉군)
2020	9,324	8,643.9	92.7	12,747	232,786
2016	12,572	8,152.5	64.8	11,076	167,815
2011	12,995	5,945.5	45.8	9,017	75,537

※화분매개곤충 이용현황 및 전망, 국립농업과학원, 2022

(가) 화분매개용 꿀벌 준비

목표로 하는 암꽃을 착과시키기 위하여 7~14일 내에 일벌(外役蜂, foraging bee)이 최대한 활동할 수 있도록 꿀벌을 준비하는 것이 중요하다. 따라서 벌통 안에는 여왕벌이 반드시 알을 낳고(産卵, oviposition) 있어야 하며, 벌통 내부에 애벌레가 반드시 존재해야 한다. 특히 촉성재배 수박의 경우, 혹한기(12~2월)의 개화기 시설하우스 내부 온도는 30℃가 넘고, 야간에는 영하로 떨어져 여왕벌이 산란을 유지하기 힘든 조건이 된다. 또한 한낮에 시설하우스의 고온 방지를 위해 내부의 측창을 개방하기 때문에 단기간에 많은 수의 일벌이 유실된다. 따라서 수박의 효율적인 착과에는 집 안에서 일하는 어린 일벌(內役蜂, nurse bee)보다 밖에서 일하는 나이 든 일벌의 수가 많은 벌통이 유리하다.

> 화분매개용 꿀벌의 준비
>
> → 여왕벌이 산란을 하고 있으며, 외역봉이 양성된 봉군을 준비한다.

화분매개용 꿀벌 준비

봉군 내부

산란 중인 여왕벌

〈그림 2-9〉 화분매개용 꿀벌의 준비

(나) 꿀벌 벌통의 설치 방법

벌통의 설치 위치는 시설하우스 내부에 작업자가 방해되지 않도록 골 사이나 두둑 위에 설치한다. 그런데 촉성재배 수박 중 혹한기(12~2월)나 5월 이전 충북지역에서 착과시킬 경우 시설하우스 최저온도는 영하까지 떨어지기도 한다. 벌통이 영하의 기온에 노출되면 벌통 내부에 일벌들은 벌집 내의 온도 유지를 위해 서로 뭉쳐지는데(봉구 형성) 이렇게 되면 다음날 오전에 기온이 올라도 벌이 벌통에서 나오지 않을 수 있다. 이를 방지하기 위하여 수박의 보온 비닐에 벌통이 같이 덮어질 수 있도록 두둑 위에 벌통을 설치하여 야간에 보온이 될 수 있도록 한다. 2017년 2월 말 경남 의령군에서 두둑 위에 설치한 꿀벌통과 두둑 아래에 이랑에 설치한 꿀벌 벌통의 주변과 벌통 내부의 야간 최저 온도(오전 1시)를 조사한 결과, 두둑 위(16℃, 28.3℃)가 두둑 아래(7.2℃, 18.9℃)보다 9℃ 이상 높았다. 또한 봉군 내부 평균 온도와, 화분매개 활동 수, 착과율도 두둑 위에 설치한 봉군이 다소 높은 결과를 나타냈다. 또한, 12월에서 2월은 시설하우스 밖의 온도가 영하로 내려가기 때문에 벌통을 가급적 시설하우스 입구에서 10m 이상 안쪽에 설치하여 찬 공기의 영향을 적게 받도록 하는 것이 좋다. 3월 이후 바깥온도가 상승하면 오히려 시설하우스 내부 온도가 30℃ 이상 높아지는 시간이 길어진다. 따라서 이 시기에는 시설하우스 입구에서 5m 이내에 설치하여 환기가 잘 될 수 있도록 설치하는 것이 좋다. 설치 시기는 목표로 하는 꽃이 피기 2~3일 전, 벌의 활동이 종료되는 저녁에 설치한다. 설치 후 벌통이 안정되도록 기다린 후 벌 출입구를 열어 둔다.

> 벌통의 설치 방법
>
> ① 12~2월 개화하는 수박이나 5월 이전 충북지역일 경우, 시설하우스 입구에서 10m 이상 안쪽, 두둑 위에 수박 보온 비닐이 야간에 벌통을 덮을 수 있도록 설치
>
> ② 반촉성(3월 이후), 가을재배 수박일 경우, 시설하우스 입구 주변에 환기가 잘 되는 곳, 두둑 아래 이랑에 설치
>
> ③ 설치 시기는 목표로 하는 암꽃이 피기 2~3일 전, 저녁 이후에 설치

이랑에 설치

두둑 위 설치

〈그림 2-10〉 벌통의 설치 방법

(다) 하우스당 투입되는 벌의 수

하우스에 투입되는 벌의 수는 660㎡ 기준으로 한 개의 벌통이 들어간다. 그러나 꿀벌의 벌통 내부에는 판형의 벌집(巢脾, frame)이 한 장 이상 들어 있다. 같은 벌통이라도 벌집의 수나 벌집에 붙어 있는 벌의 수가 다를 수 있기 때문에 수박을 수정시키기 위한 적정한 벌의 수가 중요하다. 더구나 꿀벌의 활동은 특히 온도에 크게 좌우되기 때문에 꽃이 피는 시기에 따라 벌의 활동성도 차이가 날 수밖에 없다. 따라서 수박의 안정적인 착과를 위해서는 착과 시기에 따라 반드시 꿀벌의 수를 조절하는 것이 필요하다. 2017년 11월, 12월, 2018년 2월, 3월 등 4번에 걸쳐 벌통 내 일벌의 수를 5,000마리(2장 벌집), 7,500마리(3장 벌집), 10,000마리(4장 벌집)로 구분하여 화분매개 효과를 검증하였다. 그 결과, 비교적 개화기 평균 시설하우스 내부 온도가 높은 11월과 3월에는 모든 시험구에서 90%의 착과율을 보여 5,000마리 봉군(2장 벌집)으로도 착과에 부족함이 없었다. 반면 기온이 낮은 12월과 2월의 경우에는 벌의 수가 많을수록 착과율이 높아졌다. 이는 비닐하우스 내의 낮은 온도로 인하여, 수꽃의 꽃가루가 잘 나오지 않고, 꿀벌의 활동도 둔화되기 때문으로 안정적인 착과를 위해서는 좀 더 많은 일벌이 필요하다. 따라서 12~2월은 적어도 7,500마리 이상의 벌(3장 벌집)을 사용하는 것이 좋다. 그렇다면, 수박의 수분을 위하여 무조건 많은 수의 꿀벌을 사용해도 될까? 불행하게도 꿀벌의 수가 너무 많으면 수박의 품질 저하가 나타날 수도 있다. 봉군 크기와 수박의 종자 수에 대한 상관관계를 조사한 결과, 수정된 종자 수는 봉군 크기가 클수록 많아지는 경향을 나타냈다. 수정된 종자가 많을수록 당도는 감소하였고, 특히 수정된 종자가 차지하는 부피가 늘어남에 따라 수박의 연한 조직도 같이 늘어났다. 따라서 필요 이상의 꿀벌 수보다 적정량의 꿀벌을 투입하는 것이 좋다.

착과 시기에 따라 효과적인 꿀벌의 수
① 촉성재배(12~2월), 5월 이전 충북지역: 7,500마리 이상(소비 2~3매) ② 반촉성(3월 말 이후), 가을재배: 5,000마리(소비 2매) ③ 필요 이상의 벌은 수박의 품질 저하가 나타날 수도 있음

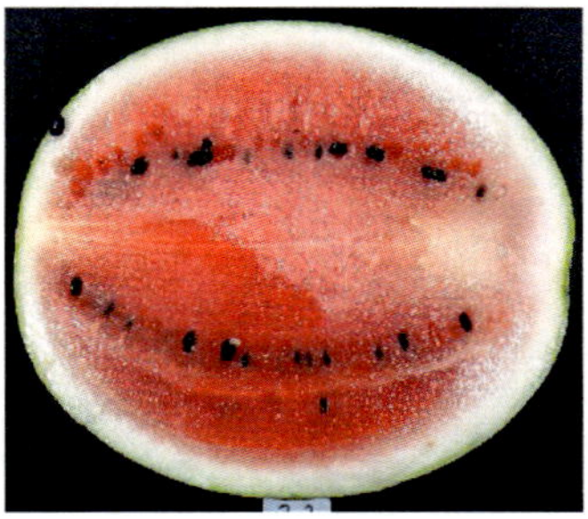

10,000마리 봉군으로 수정시킨 수박

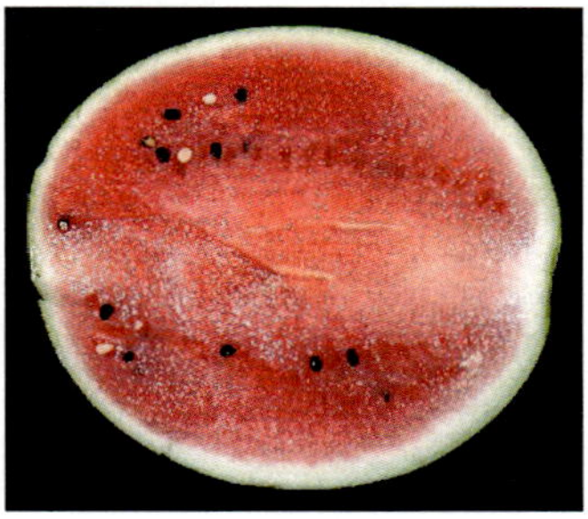

5,000마리 봉군으로 수정시킨 수박

〈그림 2-11〉 착과 시기에 따라 효과적인 꿀벌의 수

(라) 화분매개용 꿀벌 이용 시 주의 사항

대부분 수박 화분매개용 꿀벌은 임대방식을 취하고 있다. 일부 수박 농가나 양봉농가는 한 번 사용한 꿀벌을 바로 다른 시설하우스 수박의 수분용으로 재사용하기도 한다. 그러나 이 방법은 수박 재배농가에 있어 치명적인 결과를 가져올 수 있다. 2017년 1월 5일 경남 함안군의 촉성재배 수박 시설하우스에 7,500마리 규모의 벌통을 투입한 이후, 5일째에 40%가, 14일째에 60% 이상이 감소하였다. 이는 하우스 내부의 큰 일교차에 의한 벌통 내부 습도 증가 등으로 봉군 내부의 환경이 크게 나빠지게 되어, 여왕벌의 산란 감소, 병 발생, 외역봉의 유실 등으로 이어지기 때문이다. 가격이 싸다고 벌통을 바로 재사용하면 벌의 활동 부족으로 수박의 착과가 제대로 되지 못할 수 있다. 농약(살충제)은 벌의 활동에 큰 영향을 준다.

특정 농약이 꿀벌에 해가 적다고 밝혀져도 농약을 혼용하여 사용할 경우 꿀벌에게 미치는 영향을 알 수 없으므로 착과 시기에는 농약 살포를 자제해야만 한다.

벌통 설치 직후　　벌통 설치 5일째　　벌통 설치 10일째　　벌통 설치 14일째

〈그림 2-12〉 수박에서 벌통 설치 후 기간에 따른 벌집 내 일벌 수 변화

착과 특성

가. 착과를 위한 환경조절

착과는 암꽃과 수꽃이 개화한 후에 꽃가루받이와 수정이 이루어진 상태로 과일을 먹는 열매채소에서는 가장 중요한 부분이다. 우선 수정이 이루어지기 위해서는 암꽃과 수꽃이 튼튼하게 관리되어야만 인공수분이나 방화곤충을 이용한 교배가 가능하다.

착과가 불량하게 되는 원인은 암꽃의 붙어 자라기 여부 및 수정 능력의 부족과 수꽃의 기능저하에 의해서 일어나는 것으로 보이며 이 두 가지 요인은 모두 분화 이후의 환경과 관련이 깊기 때문에 사전조치가 필요하다. 예를 들면 다중피복에 의해 햇볕 쪼이는 양이 부족하여 식물체가 연약하게 생장하면 암꽃의 발육이 나빠진다. 또한 토양 내의 비료와 수분이 많거나 고온으로 관리할 때 동화양분이 부족하면 암꽃의 생장을 저해한다.

나. 착과를 위한 초세 조절

초세는 암꽃의 개화 위치를 보고 판단하는 것이 일반적이다. 암꽃의 위치가 덩굴 끝으로부터 30cm 이하이면 초세가 약하고 30~60cm이면 적당하며 60cm 이상이면 강하다고 할 수 있다.
초세가 강하여 열매 달림이 어렵다고 판단될 때는 착과 7~10일 전쯤 제1인산칼리나 인산 고함유 비료 600~1,000배액을 4~5일 간격으로 2차례 정도 잎에 주거나 황산칼슘을 660㎡(200평)당 1kg 정도 물거름(액비)으로 공급해 주면 암꽃이 충실해져서 수정이 잘된다.

〈표 2-4〉 수박의 판단 요령

잎자람새(초세)	개화 당일 암꽃에서 덩굴 끝까지의 거리	개화 마디의 잎 길이	생육 및 착과
약	30cm 미만	13cm 이하	생육 부진, 착과 양호, 과일 비대불량
적합	30~60cm	15~18cm	생육 적당, 착과 양호, 과일 비대양호
강	60cm 이상	20cm 이상	생육 과다, 불량, 과일 비대양호

초세는 품종에 따른 차이도 있지만 야간온도의 영향을 많이 받는다. 야간온도가 높으면(20℃ 이상) 초세가 강하게 되기 쉬우므로 강하다고 판단되면 야간온도를 15℃ 정도로 낮추고 암꽃이 맺힌 마디로부터 5~8개 마디를 남기고 순지르기하여 인공수분 시키면 열매 달림에 효과적이다.
또한 덩굴 끝이 강하게 위쪽으로 뻗을 경우, 생장점을 중심으로 끝으로부터 15~20cm의 연약한 부분을 가볍게 눌러주어 인돌-3-초산(IAA)에 의한 양분의 이동을 일시적으로 억제시켜줘 열매 달림을 용이하게 할 수 있다. 꽃이 필 때(개화기) 전후의 온도는 과일 비대에 영향을 주므로 저온기에는 가능하면 오후 3~4시경부터 터널을 덮어 보온하는 것이 좋고 주간의 온도는 30℃, 밤낮의 온도 차는 12℃ 정도가 효과적이다.
방임재배 시 덩굴별 착과율을 조사한 시험에서 아들덩굴이 60~70%, 어미덩굴이 20%, 손자덩굴이 15~20%로 아들덩굴이 가장 높다. 가장 우량한 과일은 15~20마디째 어미덩굴에서 열리며 아랫마디 착과일수록 과일이 납작한 모양(편평형)이고 껍질이 두꺼우며 속 빈 열매(공동과)가 많이 발생될 뿐만 아니라 과실이 작고 당도가 낮아 상품가치가 현저히 떨어지는 경향이 있다.

〈표 2-5〉 착과를 위한 웃자람 방지방법

구분	웃자라기 전	웃자란 후
환경 관리	· 온도를 다소 낮게 관리 · 주간 환기 · 물대기를 적게	· 토양 건조(질소 흡수 억제)
시비조절	· 질소 비료 적게 (웃거름 위주로 관리)	· 인산 고함유 복합비료 일주일 전 잎에 비료 주기
관리적 측면	· 짚을 이용하여 덩굴을 들어준다.	· 아랫마디 착과 + 목표 마디 착과 = 아랫마디의 과일 제거 · 덩굴 끝을 자극하여 영양생장 억제 · 약하게 뿌리 끊기(포기로부터 30~50cm)

다. 생장조정제를 이용한 착과 증진

착과증진제는 교배기의 환경 불량, 웃자람 등 꽃가루의 활성이 떨어져 착과가 다소 불안하다고 생각될 때 이용한다. 수박에 등록된 착과증진제를 등록 사항에 따라 희석하여 충분히 저어 잘 섞은 다음 열매 꼭지 부분(과경부)에 부드러운 붓으로 도포해 준다.

착과증진제를 처리한 과일은 열매가 달린 후 10~15일경 급속한 분열과 비대가 이루어지므로 초기 터진 열매가 발생되기 쉽고 당도가 낮은 편이다. 따라서 토양 수분 조절이 잘되지 않는 재배지나 양성화에는 사용하지 않는 것이 좋다.

4. 과실 비대생리

암꽃과 수꽃이 수정이 되면 난세포는 곧바로 세포분열을 시작하여 조직을 분화시켜 나간다. 암꽃은 씨방이 크고 꽃자루가 긴 것이 열매가 달리는 비율이 높아 과일의 생육도 잘된다.

과일의 생육은 크게 양적 생장과 질적 생장으로 나눌 수 있는데 개화 전 씨방 발육기로부터 개화 후 20일까지는 과실의 크기가 비대되는 양적 발육기라고 볼 수 있으며 그 이후에는 품질이 결정되는 질적 발육기라고 볼 수 있다. 수정이 되어 달린 과일은 외형적으로 2일 후에 폭(과경)이 커지고 씨방이 아래로 향하게 되면서 과일이 비대해지기 시작한다. 수박과 같이 큰 과일들은 어느 정도 비대할 때까지 분열과 비대가 동시에 일어난다.

과일이 달린 후 전반기에는 종적 신장이 강한 반면 후반기에는 횡적인 신장이 강하다. 수정 직후에 달린 과일을 보면 과일 길이가 과일 폭에 비하여 약간 긴 것이 대과로 발달된다. 과일의 크기는 일반적으로 수정 5일경에 과일의 길이가 결정되고 12일경에는 과일의 둘레가 거의 결정되기 때문에 이 기간 동안에 비료효과가 나타날 수 있도록 웃거름을 주는 것이 대과 생산의 지름길이다. 수박이 커 나가는 과정을 보면 수정 10일 후부터 급격히 빨라져 12일에 25%, 22일에 60%, 29일에는 80% 정도로 커진다. 과일의 분열이 가장 왕성한 시기에는 착과 마디의 잎과 그 주변의 잎에서 마그네슘 결핍현상이 많이 나타난다. 이러한 증상은 과일이 분열할 때 DNA 중합효소(DNA Polymerase)가 마그네슘을 조효소로 사용하기 때문에 이 시기에 마그네슘이 부족하지 않도록 미리 잎에 비료를 주면 과일의 생장에 도움이 된다.

과일이 크기 위해서는 50~60매 정도의 건전한 잎 수가 확보되어야 하며 열매가 달린 후에는 초세가 좋은 식물일수록 광합성 산물이 많아 대과를 생산할 수 있다. 과일이 열리면 영양과다 현상은 잘 일어나지 않기 때문에 비료의 효과가 강하게 나타나도록 웃거름을 잘해야만 대과를 얻을 수 있다. 만약 초세가 약하면 씨방 발육이 어렵기 때문에 과일이 작고 납작해져 수량성이 낮아진다.

특히 온도는 광합성을 활발하게 유지시키며 야간온도는 작물의 호흡 및 동화양분의 이동과 분배에 관련되어 있다. 수박의 경우 18.3℃ 이상에서는 잎에 있던 양분이 광합성을 하지 않는 생장점*이나 과일로 이동하지만 온도가 10℃ 이하로 떨어지면 이동이 잘 이루어지지 않아 아침까지 상당량의 동화산물이 남아 있게 된다.

이런 상태에서 다시 동화작용이 시작되면 잎이 제 기능을 발휘하지 못하며 저온 상태가 지속되면 과일이 작고 속이 빈 과일(공동과)이 많이 생긴다. 잎에서 만들어진 광합성 산물의 이동은 잎에서 밀어내는 힘과 과일이 당기는 힘에 의해서 체관을 통해 이루어지는데, 수박은 과일에서 당기는 힘이 더욱 크게 작용하는 것으로 생각된다.

저온기 재배에서 착과 1주일 전부터 착과 후 15일까지 전열선이나 탄소발열패드를 이용하여 수박 열매 주변의 온도를 18℃ 정도로 유지해 주면 착과율이 높아지고 과비대 초기 발육이 왕성해지며 수확기 당도가 높아진다. 그 이유는 열매가 달릴 무렵 야간온도가 많이 떨어질 때 과일 주변의 온도관리를 해주면 과일이 잎에서 만들어진 동화산물을 잡아당겨 동화물질의 이동을 도와 과비대 초기 양적 발육이 왕성하게 일어나고 시기에 맞게 질적 발육으로 무리 없이 전환되기 때문이다.

저온으로 인해 초기 비대가 지연된 경우에는 양적 발육이 늦게까지 이루어지기 때문에 과일 부분별로 질적 발육으로 전환되는 시기가 달라 과실 중심부의 당도와 가장자리 부분의 당도차가 크며 전체적인 당도를 떨어뜨리는 것으로 추정된다. 전체적인 광합성 산물의 이동을 보면 전체 광합성량 중 1/3 정도는 대사 작용에 이용되며 나머지 2/3가 이동하여 작물에 축적되는데 주간에 3/4 정도가 이동하고 야간에 1/4이 이동한다. 밤 동안의 고온은 이동 및 분배를 빨리 시킬 수 있으나 호흡량이 많아져 과일을 말렸을 때 무게(건물중)는 감소된다.

TIP *생장점(生長點) : 식물의 줄기와 뿌리 끝에서 세포의 증식, 기관 형성과 같이 두드러진 형성 활동을 하는 부분

〈그림 2-13〉 전열선 설치 위치(정식 시 - 정식구덩이 옆, 착과기 - 착과할 암꽃 주변)

〈그림 2-14〉 과일주변 온도 조건별 열매가 달린 후 15일 과실 크기
(전라북도농업기술원 과채류연구소 수박시험장, 2011년)

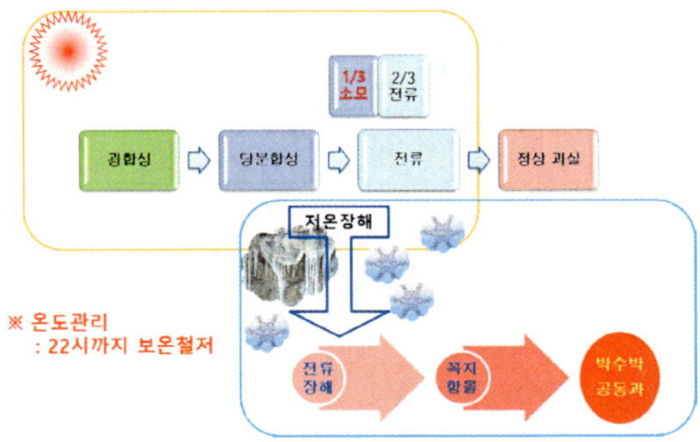

〈그림 2-15〉 어미덩굴과 아들덩굴 암꽃 착화

〈표 2-6〉 수박의 종류에 따른 익은 열매의 판정 일수(2001년)

수박종류	열매 달림 후 일수(일)	적산온도(℃)
소과종	30~35	750
조생종	38~40	800
중생종	40~45	1,000
늦여뭄종(만생종)	45~50	1,200

반대로 밤의 저온은 전류가 늦어져 다음날까지 잎에 양분이 축적됨으로 동화능력이 떨어지고 생육도 점차 나빠진다. 이러한 점에서 초저녁에는 다소 고온관리하여 물질이동을 돕고 한밤 이후(약 22시)에는 온도를 낮추어 호흡에 의한 소모를 줄이는 재배방법이 이상적인 관리이다.

수정 직후부터 최저온도와 최고온도의 차이는 15℃ 이상 되지 않도록 관리하는 것이 좋다. 밤 동안의 식물이 저온의 자극을 받으면 생장이 둔화되는 것은 물론 착과율이 낮아지고 과일 비대가 불량해지며 줄기와 잎이 왜소해지는 등 여러 가지 형태로 생육장해가 나타난다. 반면 고온으로 관리했을 때는 수확기(적산온도: 800~1,000℃)를 앞당길 수 있으나 품질이 좋지 않고 수확 직후 꼭지가 시들어 상품성이 떨어진다. 착과에서부터 수확까지 소요일수는 소과종에서는 짧고 대과종에서는 길어지나 대과종에서도 늦게 수확하는 품종(늦여뭄종, 만생종)으로 갈수록 성숙일수는 길어진다.

핵심만 콕콕!!

제2장

수박의 생리생태 특성

1 수박의 일반적 특성

▶ 남아프리카 칼라하리 사막과 주변 사바나 지대를 원산지로 추정하는 수박은 박과에 속하는 일년생 호온성 식물이다.

▶ 광합성을 촉진할 수 있는 적당한 온도는 25~30℃, 야간에 광합성 산물이 체관을 타고 이동하기에 알맞은 온도는 16~20℃이다.

▶ 생장에 장해를 받는 온도는 10℃ 전후의 저온이다.

2 기관별 특성

▶ 수박 씨앗(종자)이 싹이 트는 데 적절한 온도는 28~30℃로 온도, 수분, 산소의 조건이 좋으면 씨를 뿌린 후 4일 정도에 떡잎이 땅 위로 올라온다.

▶ 뿌리는 산소를 좋아하는 특징을 갖고 있어 땅속의 공기 유통이 좋아야 한다.

▶ 뿌리가 자라기 적당한 온도는 20℃ 내외이고 13~14℃가 되면 양분과 수분의 흡수력을 대부분 상실한다.

▶ 엽면적에 의해 수박의 크기와 품질이 결정된다. 열매가 달리는 마디 전후의 잎이 서로 겹치지 않도록 순치기를 한다.

3 개화 및 착과 생리

▶ 꽃가루는 6시경부터 꽃밥이 터지기 시작하여 아침 8시경에 수정 능력이 최고도에 달하므로 가능한 한 오전 9시 이전에 꽃가루받이를 마치는 것이 좋다.

▶ 암꽃분화에 영향을 미치는 요인은 △품종 △광합성 산물의 축적과 이동 △질소질 함량 등이다.

▶ 꽃가루받이는 인공수분과 꿀벌을 이용하는 방법이 있다.

▶ 인공수분의 최적온도는 20℃이며 꽃가루양이 적을 때는 1개의 암꽃에 몇 개의 수꽃을 발라 주는 것이 열매가 달리는 데 유리하다.

4 수박의 초세 판단 요령 등

- ▶ 개화 당일 암꽃에서 덩굴 끝까지의 거리 30~60cm 개화 마디의 잎 길이가 15~18cm 정도면 초세가 적당하다고 할 수 있다.
- ▶ 암꽃의 위치가 덩굴 끝으로부터 60cm 이상이고 개화 마디의 잎 길이가 20cm 이상이면 초세가 강하다 할 수 있다.
- ▶ 초세가 강하다고 생각되면 야간온도를 15℃ 정도로 낮추고 암꽃이 맺힌 마디로부터 5~8개 마디를 남기고 순지르기해 인공수분시키면 열매 달림(착과)에 효과적이다.
- ▶ 착과에서 수확까지 소요되는 시간은 소과종·대과종의 순으로 길고 조생종·만생종의 순이다.

제3장 품종

1. 수박 품종 개발 현황
2. 품종 선택 요령
3. 재배 방식에 따른 품종 선택
4. 수박 대목 선택 시 고려사항
5. 수박 대목용 품종의 종류와 특성

1. 수박 품종 개발 현황

우리나라는 1950년대까지 주로 일본에서 육성한 수박 품종을 도입하여 지역 적응성 시험을 거쳐 보급함과 동시에 서양에서 들여온 품종들을 이용하여 자체 품종 육종의 기반을 닦았다고 할 수 있다.

우리나라의 수박 품종은 원예시험장에서 1950년대 초에 일본으로부터 도입한 '신대화 3호', '욱대화', '부민', '대화크림', '읍녀' 등을 계통분리하여, 순도가 높고 대과이며 덩굴쪼김병에 대한 재배지 저항성*이 강한 계통을 선발하여 개량하였다. 1960년대에 들어서면서 이들을 이용하여 1대 잡종 종자(F_1) 조합을 만들고 성능검정시험을 거쳐 '신대화 3호×왕관' 등 3조합이 병에 잘 걸리지 않는 내병성과 수확이 많은 다수성으로 우량시되어 최초로 우량 교배종을 육성하였다.

민간 종묘업계는 원예시험장에서 분양받은 우량계통과 일본에서 도입·분리한 계통을 이용하여 1967년 중앙종묘에서 '수원(壽園)'이란 교잡종을 만들어 시중에 판매를 시작하였으며, '수원'은 우리나라 최초의 수박 1대 잡종 품종으로 알려져 있다. 1970년대 본격적으로 1대 잡종 종자(F_1)이 육성되었다. 그 후 수박 시판 1대 잡종 종자(F_1) 육성을 위한 많은 노력과 투자로 2020년 등록품종은 96품종이며 생산·수입판매신고가 된 품종은 839품종이다. 우리나라의 수박 품종은 대부분이 중·대과로 과일 형태가 둥글고 껍질색은 녹색으로 호피무늬이며 과육색이 홍색, 종자는 흑색인 것이 대부분이다. 민간 기업에서는 이 범주 내에서 호피무늬가 보다 선명하고 과일이 잘 깨지지 않으며 고당도로 단맛이 과육 전체에 고루 분포하고 육질은 적당하게 여물면서 상온에 오래 저장되며 종자 부위가 쉽게 물러지지 않는 것 등을 목표로 품종을 개량해 왔다. 최근에 소과종 품종이 육성되어 시판되고 있지만 그 용도가 선물용 등으로 제한되어 있는 실정이며 노란 과육, 노란 껍질의 수박이 시판되기는 하나 극히 미미한 수준이다. 과일 모양은 최근까지 둥근 과일이 대부분이었으나 얼마 전부터 꿀수박 계통의 짧은 타원형(단타원형) 수박이 인기를 끌고 있다.

TIP *재배지 저항성: 작물이 재배지에서 나타내는 저항성으로 환경변화에 따른 감수성 식물의 일시적인 저항성을 의미한다. 특히 온도의 변화에 따라 변동하기 쉽다.

최근 수박재배는 농자재의 개발과 재배기술의 향상으로 촉성재배에서 시설억제재배에 이르기까지 재배 양식도 다양화되어 거의 연중 공급이 가능하다. 하지만 각 재배 방식에 적합한 품종은 아직 개량할 점이 많다.

시설재배 방식 중 특히 촉성재배, 반촉성재배에 갖추어야 할 조건, 이를테면 저온에서 생육이 양호한 것, 꽃가루 터짐이 좋은 것, 열매 달림 비대가 양호한 것 등을 좀 더 개량하여야 할 필요성이 있다. 또한 시설 내에서는 연 2~3회의 이어짓기(연작)에 의한 토양병해 및 생리장해가 많이 발생하며 노지재배에서도 관리 소홀, 이어짓기 및 기상불량 등에 의한 피해가 증가하고 있다.

우리나라에서 매년 발생되는 수박의 주요 전염성 병해는 20여 종류가 있는 것으로 알려져 있다. 특히 재배기간 중 장마 때 많이 발생하는 탄저병, 덩굴마름병과 역병 등이 노지재배를 주요 재배 방식으로 하는 호남 지역에서 많이 발생하고 있다.

탄저병은 시설재배를 주요 재배 방식으로 하는 경남 함안, 의령 지역에서 많이 발생하고 있다. 최근에는 토양 전염성 병인 덩굴쪼김병과 시설환경에서 주로 발생하는 흰가루병이 재배 양식이나 지역에 관계없이 재배 중 수시로 발생하여 6~7회의 약제 방제가 필요하다. 특히 토양 전염성 병의 피해에 대처하기 위해 박이나 호박 대목을 이용한 접목재배가 일반화되어 있으나 최근 이들 대목용 박과 채소에 해를 입히는 병원균이 증가하고 있는 추세이다. 이러한 병들은 노지재배와 시설재배를 불문하고 햇볕 부족, 고온, 환기 불량, 배게 심기(밀식재배) 및 질소 비료 과용과 함께 농촌 인력의 부족에 의한 작물을 심는 땅 관리의 부실 등으로 지속적 증가하여 재배지 전체에 만연하다.

그러나 이러한 병해를 방지하기 위한 다량의 농약 사용은 농업 생태계의 오염과 농산물의 안전성 문제를 유발하므로 효율적인 방제와 친환경적 수박 생산을 위해서는 다양한 병에 대한 저항성 품종의 개발이 필요하다. 따라서 수박에 해를 입히는 병에 저항성을 갖는 수박 품종 육성이 시급한 실정이며 국립원예특작과학원, 전라북도농업기술원 과채류연구소 수박시험장 및 충북농업기술원 수박연구소를 중심으로 연구가 꾸준히 진행되고 있다.

2. 품종 선택 요령 (일반적인 우수 품종의 조건)

수박의 품종을 선택하려면 먼저 재배 방법과 재배하려는 품종의 특성을 정확히 파악해야 하며 또한 병해충 방제 및 과일이나 잎에 발생하는 여러 가지 생리장해에 대하여 충분히 알고 있어야 한다. 우수한 품종은 대개 호피무늬가 보다 선명하고 과일이 잘 깨지지 않으며 당도가 높고 단맛이 과육 전체에 고루 분포하며 열매가 잘 달리는 특성 및 병에 잘 걸리지 않는 내병성 등의 조건이 좋아야 한다. 또한 소비자의 기호에도 맞아야 하는데 품종 선택 시 고려해야 할 중요한 사항은 아래와 같다.

당도가 높은 품종

과거 1980년대만 해도 수박의 당도가 9~10도만 되면 단맛을 크게 느꼈으나 요즘은 설탕을 비롯한 단것의 수요가 급증하여 11도는 되어야 소비자의 구미에 맞출 수 있다. 최근 각 종묘회사의 노력에 의한 신품종 육성과 농민들의 재배 기술 향상에 따라 우리나라 수박의 당도는 날로 높아져 가고 있다. 소과종 수박의 경우는 재배 조건에 따라 13도 이상까지도 올라간다.

재배 방식에 맞는 품종 선택

수박은 농자재의 개발과 재배 기술의 향상으로 재배 방식도 다양화되어 연중 재배가 가능하다. 따라서 각 재배 시기에 적합한 품종을 선택하여 재배하는 것이 중요한데 재배 시기는 크게 시설재배와 노지재배에 따라 나눌 수 있다.

시설재배 특히 촉성재배, 반촉성재배가 갖추어야 할 조건은 우선 저온에서 꽃가루 발생 및 열매가 달리는 성질이 좋아야 한다는 것이다. 수박은 고온성 작물로 온도가 높고 빛 조건이 충분한 환경에서 잘 자라나 이 시기에는 저온과 햇볕 부족 등의 불량환경에 노출될 위험이 많아 수박을 원하는 마디에 열리게 하지 못하는 경우가 많이 있다. 수박 꽃가루는 교배에 지장이 없을 정도로 잘 나오기 위해서 13℃ 이상이 되어야 한다. 그러나 재배 시기가 지나치게 앞당겨지면서 열매가 달리는 시기에 13℃ 이상을 유지하기에는 많은 어려움이 있으므로 꽃가루 발생과 열매가 달리는 성질이 조금이라도 좋은 품종을 선택해야 된다. 이 외에도 저온에서 과육의 색깔내기와 과실의 비대성이 우수하며 과육 속에 백색 또는 황색의 섬유질 줄이 생기는 황대과 등의 각종 생리장해가 적은 품종을 선택해야 한다.
터널 또는 노지재배에서 갖추어야 할 조건은 씨 뿌리는 시기가 이른 터널재배의 경우, 저온에서 열매 달림이 잘되고 숙기가 빠른 품종이 유리하며 다소 늦게 파종을 하는 경우에는 과일이 익은 때에 장마로 인한 수분의 변화가 많으므로 열매터짐 발생이 적은 품종을 선택하여야 한다. 일반적으로 껍질이 두꺼운 품종과 육질이 단단한 품종들이 재배 중 열매터짐이 적지만 껍질이 두꺼운 품종들은 상품성에서 다소 떨어지므로 껍질은 얇으면서도 단단한 정도(경도)가 강하고 육질이 단단하여 재배 과정에서 터진 열매의 위험성이 적은 품종들을 선택하여야 한다. 그러나 일반적으로 육질이 단단한 품종들은 터진 열매가 적은 반면 익는 때가 늦어 성숙기에 기상 조건이 불량할 경우에는 황대과가 발생할 위험성도 있다. 따라서 지역적인 조건이나 재배 방식을 고려하지 않고 무조건 육질이 단단한 품종을 선택하는 것은 좋지 않은 방법이다. 노지재배의 경우에는 열매가 달리는 시기 전후에 장마와 겹치게 되므로 장마기에도 생육이 왕성한 품종이 유리하고 특히 장마기 이후 고온에서 피수박*의 발생이 적은 품종을 선택하여야 한다.

과일 빛깔이 좋은 중대과종

과일 및 호피(虎皮)의 색이 선명하고 광택이 있어야 하며 과일 모양은 둥근 수박과 더불어 꿀수박계통의 짧은 타원형 수박이 선호되는 편이다. 무게는 6~8kg의 과일이 가장 많이 팔리고 수량성이 높아서 재배에도 유리하다. 핵가족 및 나 홀로 세대가 증가하는 추세이므로 무게 2kg 내외의 작은 과일 품종도 수요가 점차 증가할 것으로 예상된다.

TIP

*피수박 : 수확기에 가까운 열매에서 많이 발생하는 육질악변과의 하나로, 과육의 씨앗 부근이 적자색으로 되며 점차 진행되면 피가 맺힌 듯한 상태가 되는 질병이다. 주로 수박이 햇빛에 직접 닿아 온도가 올라가서 이상호흡이 발생할 때 생긴다.

내병성이 강한 품종

박과 채소는 여러 가지 병해충의 요인의 많아서 재배가 까다롭다. 특히 수박은 큰 면적 재배로 약제 살포의 노력이 많이 들기 때문에 내병성이 강한 품종의 선택은 경영 면에서 상당히 중요하다. 수박은 덩굴쪼김병을 대처하기 위해서 1920년대 초에 박과 호박 등의 대목을 이용한 접목재배가 시작되어 우리나라에서는 수박 재배의 90% 이상이 접목재배 되고 있으나 현재 대목으로 주로 이용하고 있는 박에서도 덩굴쪼김병이 발생하며 수박 주산단지를 중심으로 급성시듦증이 많이 발생하고 있다.

또한 1998년에는 수박 시설재배 지역에서 종자 전염성 바이러스병인 오이녹반모자이크바이러스(Cucumber Green Mottle Mosaic Virus : CGMMV)가 중국에서 채종한 박 대목의 종자에 의해서 전염되어 전국 25개 시·군 949 농가 408ha에서 발생하여 큰 피해를 주었다. 따라서 내병성과 관련된 대목의 선택도 수박 품종의 선택만큼 중요하다. 식물체에 영양분을 운반하는 뿌리의 역할에 따라 수박의 특성을 충분히 나타내느냐 못하느냐가 정해지기 때문이다.

수송성이 좋은 품종

수박은 중량형, 집중출하형이기 때문에 수송성이 크게 문제가 된다. 수송성이 강하려면 과일껍질의 탄력성이 강해 서로 부딪쳐도 깨지는 일이 적어야 한다. 주로 껍질이 두껍고 육질이 아삭아삭한(치감이 좋다고 표현) 품종이 수송성이 강하고 재배 중에 터진 열매도 적게 발생한다. 그러나 껍질이 두꺼운 품종은 상품성이 떨어지므로 껍질이 얇으면서도 단단한 정도가 강하고 육질이 단단하여 터진 열매 발생이 적은 품종이 좋다.

육질이 좋은 품종

일반적으로 우리나라 사람들은 일본에 비하여 육질이 아삭아삭한 수박 품종을 좋아하기 때문에 우리나라의 수박 품종은 일본 품종들과는 육질에 있어 차이가 있다. 일반적으로 육질이 아삭아삭한 품종은 터진 열매가 적은 반면 다소 늦게 익는 단점이 있다. 익는 때가 늦으면 성숙기에 기상조건이 불리할 경우 황대과가 발생할 위험성도 있으므로 무조건 육질이 좋은 품종을 선택하는 것보다 지역적인 조건이나 재배 방식, 재배 시기 등을 고려하여 알맞은 품종을 선택하여야 한다.

자기 수준에 맞는 품종

그 밖에 우수 품종이 갖춰야 할 조건으로는 과일 모양이 안정되고 과일의 육질이 좋으면서도 섬유질이 적고 식미가 우수해야 하는 등 여러 가지가 있다.
그러나 이러한 모든 조건을 갖춘 이상적인 품종은 없으므로 지역과 재배 기술 정도에 따라 적당한 품종을 선택해야만 할 것이다. 다른 사람과 동일한 품종을 똑같은 방법으로 재배한다고 해도 의외로 다른 결과가 나올 수 있다. 특히 새로운 품종을 선택할 때는 반드시 소규모의 시험재배로 재배결과에 확신이 생길 경우 재배를 확대하여야 한다.

3. 재배 방식에 따른 품종 선택

촉성재배

기후가 따뜻한 경남 지역을 중심으로 형성된 재배 방식으로 1월경에 아주심기를 하여 3~4월경 수확 및 출하를 목적으로 재배한다. 주요 재배 지역으로는 진주, 함안, 의령과 창녕이다. 생육기가 저온기이므로 저온 신장성, 열매가 달리는 성질 및 비대성이 좋은 조생종 품종을 선택하여야 된다.

반촉성재배

반촉성재배는 수박 시설재배의 대부분을 차지하는 재배 방식이다. 남부 지역에서는 12월 중하순경에 파종하여 4월 하순에서 6월 상순까지 수확이 이루어지고 중부 지역에서는 1월경에 파종하여 남부 지역의 수확이 끝나는 6월 상순부터 수확된다. 주요 재배 지역으로는 진주, 함안, 창녕, 창원, 고령, 의령, 부여, 논산, 음성 등이다.

터널재배

터널재배는 노지에 터널을 설치하여 재배하는 방식으로 가장 출하량이 많은 시기에 수확되고 장마기와 겹칠 수 있으므로 주의해야 한다. 수량 면에서는 다소 뒤지더라도 품질이 우수하여 익는 기간이 빠른 것이 우선이며 낮은 마디 위치에서 열매가 달려도 변형되는 과일이 적게 생기는 품종이어야 한다.

노지재배

노지재배는 아주심을 때부터 시설을 전혀 이용하지 않고 수박을 재배하는 방식이다. 무엇보다도 품질이 우선으로 6kg 이상의 대형과이며 수량, 내병성, 수송성 등이 좋아야 한다. 이 재배 방식은 수박의 생육기가 장마기이므로 덩굴마름병, 탄저병과 역병 등의 방제에 특히 주의를 기울여야 한다. 열매가 달린 후 강한 광선에 의해 육질악변과가 발생될 수 있으므로 줄기와 잎의 보호에 유의하고 품종도 그 위험성이 적은 것을 선택하여야 한다. 육질악변은 일반적으로 육질이 연한 품종에서 잘 발생하므로 가급적 육질이 좋은 품종을 선택하여야 한다. 그러나 육질이 좋은 품종이라도 육질악변과가 잘 나타나는 경우도 있으므로 품종의 특성을 정확히 파악한 후 선택하여야 한다. 주요 재배 지역은 전북 고창, 전남 나주·영암 등이나 전국적으로 재배되고 있다.

무등산 수박은 시판 등록 품종이 아닌 재래종 수박의 명맥을 유지하고 있는 품종으로 광주 무등산 지역에서 지역 특산품화되어 있다.

하우스 억제재배

하우스시설에서 7월 하순경부터 파종하여 수박 출하가 적어 가격이 비교적 높은 11월부터 출하를 목적으로 한 재배 방식이다. 고온기에 파종하여 열매가 열리기까지는 온도 조건이 좋은 상태이나 열매가 달린 후부터 수확기까지 온도가 떨어져 저온이 되므로 재배하기에 까다로운 방식이다.

따라서 내서성과 내한성을 갖춘 품종으로 초세가 번무하지 않고 약한 광선에도 과실 표면이 선명하게 되고 당도가 높은 조생종 품종이 좋다.

〈표 3-1〉 수박의 재배 방식별 재배 일정(박과 채소 재배기술, 1996년)

재배 방식	파종	아주심기	수확	출하시기
촉성재배	11월 하순~12월 상순	1월 중하순	3월 하순~4월 하순	3~4월
반촉성재배	12월 하순~1월 상순	2월 상중순	4월 하순~5월 하순	4~6월
터널조숙	2월 중순~3월 상순	3월 하순~4월 중순	6월 상순~7월 중순	6~7월
조숙재배	3월 중하순	4월 하순~5월 상순	7월 중순~8월 중순	7~8월
노지(보통)재배	4월 중하순	5월 중하순	7월 하순~8월 하순	7~8월
노지 억제	6월	7월 상순~8월 상순	9월 상순~10월 중순	9~10월
하우스 억제	7월 하순~8월 상순	8월 하순~9월 상순	11월 상순~12월 하순	11~12월

4. 수박 대목 선택 시 고려사항

수박은 이어짓기의 피해가 비교적 심한 작물로 특히 수박에 치명적인 토양 전염성 병해인 덩굴쪼김병을 피하기 위하여 덩굴쪼김병에 저항성인 박이나 호박을 대목으로 이용하여 접목재배가 시작되었다.

최근에는 덩굴쪼김병을 피하고 안정생산을 위한 목적뿐만 아니라 품질향상, 수량증대는 물론 저온신장성, 내서성, 내한성, 내습성 및 내염성 등 각종 불량환경에 대한 적응성 향상과 돌려짓기 기간의 단축에 의한 재배 규모 확대 등의 효과를 기대하기도 한다.

접목재배 시 가장 중요한 것은 대목의 선정인데 대목에 따라 접목 친화성이나 잎자람새(초세), 비료를 흡수하는 힘(흡비력), 과일의 품질 등에 미치는 영향이 다르기 때문에 대목을 선정할 때에는 다음과 같은 몇 가지 사항에 유의하여야 한다.

① 덩굴쪼김병에 대한 저항성이 강할 것, 가능하면 선충 저항성(식물에 기생하는 선충을 이겨내는 성질)도 높을 것

② 접목 친화성이 좋을 것

③ 가급적 환경 저항성이 강할 것(저온신장성, 내습성, 내염성 등)

④ 접목한 수박의 꽃 달림 및 열매 달림이 안정되어 있을 것

⑤ 접목하기가 쉬우며 재배하기가 용이한 것

⑥ 반드시 종자소독이 되어 있을 것(바이러스나 각종 병의 종자전염 방지)

5. 수박 대목용 품종의 종류와 특성

박

오래전부터 박 대목이 많이 이용되어 왔는데 박은 수박과의 친화성이 높고 뿌리의 자람이 좋으며 비료를 흡수하는 능력이 강해 건조한 땅에서도 비교적 잘 견디고 접목 조작이 용이하며 저온신장성도 비교적 강하고 과일 품질에 미치는 영향도 적어 수박 대목으로 적당하다. 또한 신토좌 호박(동양계 호박과 서양계 호박의 중간 잡종)에 접목했을 때보다 열매 달림이 안정되고 과육섬유의 발생이 적으며 당도가 높아 품질이 좋다. 그러나 박 대목 덩굴쪼김병 및 원인불명의 급성시듦증*이 발생되어 문제가 되고 있으며 탄저병과 바이러스 등에는 다소 약한 편이다.

2020년 8월 기준 대목용 품종으로 생산·수입판매신고가 된 품종은 208품종으로 품종에 따라 박덩굴쪼김병 저항성 정도 등에 많은 차이가 있기 때문에 박 대목 선택 시에도 품종의 특성을 고려하여 신중하게 선택하여야 한다.

호박

호박은 수박 대목으로 친화성이 강하고 토양, 재배 방식 등 적응범위가 비교적 넓으며 저온신장력과 높은 온도를 견디는 내고온성이 특히 강하다. 덩굴쪼김병 등의 토양 전염성 병해에는 강하지만 비료를 흡수하는 능력이 좋아 웃자라기 쉽고 열매 달림 불량, 변형 과일, 육질 약화, 당도 저하, 과일에서 호박냄새가 나는 등의 품질 저하를 초래하기 쉬운 결점이 있다. 특히 신토좌 호박을 대목으로 이용한 접목 모종 재배 시 비료, 특히 질소질 비료를 실생에 비해서 1/3 정도 감량한 비료 주기를 하여야 한다. 최근 박 대목에 접목한 수박의 급성시듦증의 피해가 많아짐에 따라 호박의 대목 이용이 많아지고 있으나 내건성(건조함을 이기는 힘)이 다소 약하고 과일의 품질이 많이 떨어지는 단점이 있다. 또한 수박

TIP *급성시듦증 : 식물체가 날씨가 좋은 날에 갑자기 시들고 저녁에는 회복되는 증상을 며칠 반복하여 겪다 말라 죽는 질병. 접목과 친화성이 낮을 경우에도 발생한다.

접목묘 육묘 시 호박 대목의 떡잎에 흰가루병이 발생되어 수박 잎으로 번져, 정식 후 흰가루병이 발생 가능성이 있다. 따라서 흰가루병 발생이 우려될 경우, 흰가루병에 저항성이 높은 호박 대목을 이용하는 것이 추천된다.

야생종 수박

야생종 수박 중 덩굴쪼김병과 선충 저항성이 강하며 생육이 왕성한 공대를 대목으로 이용할 수 있다. 같은 수박 속 식물로 수박과의 접목 친화성이 높고 품질이 좋은 장점이 있다. 특히 소형과 수박 접목재배 시 덩굴쪼김병 등에 저항성이 강하며 세력이 지나치게 강하지 않은 야생종 수박을 대목으로 이용함으로써 안정적인 생육 및 과실 품질 확보가 가능하다. 야생종 수박은 저온신장성이 다소 떨어지는 단점이 있으므로, 저온기 재배에 유의한다.

동아

동아를 대목으로 이용할 경우 덩굴에 빈 공간(공동)이 없고 생육이 왕성하며 덩굴쪼김병에 강하다. 수박과 친화성이 높으며 생리장해의 발생이 비교적 적다. 내서성과 내건성이 강하나 내습성이 다소 약하고 고온성으로 저온에서의 자람이 약하여 반촉성재배나 올가꾸기(조숙재배) 등 저온기 재배에서는 초기 생육이 다소 늦고 개화기가 비교적 늦어진다.

핵심만 콕콕!!

제3장 품종

1 수박 품종 개발 현황

▶ 우리나라는 1950년대까지 일본의 수박 품종을 도입해 보급하고 서양의 품종을 이용해 자체 품종을 키우는 기반을 닦았다.

▶ 우리나라 최초의 수박 1대 잡종 품종은 1967년 선보인 '수원(壽園)(중앙종묘)'이다.

▶ 2020년 6월 등록품종은 96품종, 생산·수입판매신고 된 품종은 839품종에 달한다.

2 수박 품종 선택 요령

▶ 당도가 높을 것. 1980년대 9~10도에 비해 현재는 11도 정도의 단 수박을 선호한다.

▶ 재배방식에 맞는 품종을 선택할 것 : 수송성이 좋은 품종, 육질이 좋은 품종, 생산자 수준에 맞는 품종 등

3 재배 방식에 따른 품종 선택

▶ ① 촉성재배 - 저온신장성, 열매가 달리는 성질질 및 비대성이 좋은 조생종 품종을 선택한다.

▶ ② 반촉성재배 - 시설재배의 대부분을 차지하고 있다. 남부에서는 12월 중하순경 파종, 4월 하순~6월 상순 수확, 중부에서는 1월경 파종, 6월 상순부터 수확

▶ ③ 터널재배 - 노지에 터널을 설치해 재배하는 방식으로 익는 기간이 빠른 품종이 우선이며 낮은 마디에 수박이 열려도 변형이 적은 품종을 골라야 한다.

▶ ④ 노지재배 - 시설 이용 없이 노지에서 키우는 것으로 6kg 이상의 대형과이며 수량, 내병성, 수송성 등이 좋아야한다.

▶ ⑤ 노지억제재배 - 노지재배 중 파종기를 늦춰 8월 말부터 출하하는 방식. 잔딧물 및 응애의 방제에 특히 주의하고 육질악변의 위험성이 적은 품종을 선택한다.

▶ ⑥ 하우스억제재배 - 하우스에서 7월 하순경 심어 수박 출하가 적어 높은 가격이 형성되는 11월부터 출하한다. 더위와 추위를 견디는 성질이 있고 당도가 높은 조생종 품종이 좋다.

4 수박 접목재배

▶ 수박 접목재배 시 가장 중요한 것은 접목할 대목의 선정이다.

▶ 현재 대목으로는 박이 가장 많이 이용되고 있다. 박은 수박과의 친화성이 높고 뿌리의

자람이 좋다. 비료를 흡수하는 능력과 건조한 땅을 견디는 능력이 강해 수박 대목으로 적합하다.

- 이와 함께 호박은 수박과 친화성이 강하고 저온신장력과 내고온성이 강하며 덩굴쪼김병 등 토양 전염성 병해에 강하다. 그러나 비료를 흡수하는 능력이 좋아 웃자라기 쉽고 열매 달림 불량, 변형 과일 출현 등 수박 품질 저하를 초래하기 쉬운 단점도 있다.

제4장 육묘

1. 육묘의 의의와 장점
2. 육묘 방식과 육묘 방법

1. 육묘의 의의와 장점

육묘의 의의

육묘는 씨앗(종자)의 씨 뿌리기(파종)에서부터 아주심기까지 일정기간 동안 온실 등 환경조절이 가능한 곳에서 아주심기하기에 적합한 양질(良質)의 모종을 키워내는 작업과정으로 '모종 농사가 반농사'라고 할 정도로 예전부터 그 중요성이 강조되어 왔다.

육묘의 주된 목적은 육묘기(파종 후 싹 틔우기부터 본밭에 옮겨심기 전까지의 초기 생육단계) 동안 적합한 환경에서 집약적으로 관리함으로써 발아율 향상, 병해충 경감, 초기 생육의 촉진, 작기(한 작물의 생육기간) 확대, 관리 노력 및 경영비 절감, 작물을 심는 땅의 이용률 향상 등에 있다.

육묘의 장점

가. 빠른 수확 및 수량 증가

봄철 저온으로 인하여 파종이 늦어지는 노지재배의 경우 모를 길러 아주심기하면 파종하는 때가 육묘 기간만큼 앞당겨지므로 수확기를 앞당길 수 있으며 수확기간도 그만큼 연장되어 수량이 증가하게 된다. 시설재배에서도 모를 길러 아주심기하면 수확기를 앞당길 수 있다.

나. 어린 식물체의 집중관리 및 관리 비용 절감

기온이 적합한 경우라도 본밭에 바로 뿌리기(직파(直播))를 하면 관리면적이 넓어 어릴 때 김매기, 물대기, 농약 살포 등의 재배 관리가 어렵다. 이뿐만 아니라 노지에서는 서리해, 풍수해를 받을 우려가 있으므로 모를 길러 이런 재해를 피할 수 있는 시기에 아주심기하는 것이 안전하다.

특히 가뭄이 심한 이른 봄에 바로 뿌리기하는 경우에는 일반적으로 싹이 나오는 비율(입모율(立毛率))이 떨어지고 생육이 불균일해지는 반면 모를 길러 재배하면 생육이 균일하고 종자량도 크게 절감할 수 있다.

다. 경지(耕地) 이용도 향상 및 난방비 절감

모를 기르는 동안 본밭에 다른 작물을 키울 수 있어 이용효율을 높일 수 있고 앞 작물(前作物)의 재배 기간이 뒷작물(後作物)의 파종기와 겹치는 경우 육묘를 하여 이를 피할 수 있다. 특히 시설난방 재배의 경우 육묘 기간만큼 난방기간이 단축되므로 경영비를 크게 절감할 수 있다.

2. 육묘 방식과 육묘 방법

수박 모종 생산현황 및 육묘 방식

가. 수박 모종 생산현황

좋은 모종을 생산하기 위해서는 좋은 모판흙(상토)을 사용하고 육묘 기간 동안 지상부와 지하부 환경을 적절하게 조절하여 유지시켜주는 환경 관리가 중요하다. 모종의 품질은 아주심기 후 뿌리내림과 꽃눈 분화에 큰 영향을 미치기 때문에 햇빛을 충분히 받아 잎이 적당한 크기와 두께를 가져야 하며 뿌리의 발육도 좋아야 한다. 햇빛이 부족하거나 질소 비료가 지나칠 경우 모종이 연약하게 자라 아주심기 후 뿌리내림이 불량하고 꽃눈의 분화와 발육이 나빠져 열매 달림 및 과일 비대가 나빠질 수 있다. 또 수박은 일시에 열매를 달리게 하는 것이 중요하므로 모종의 균일성이 매우 중요하다. 균일하지 못한 모종을 사용할 경우는 열매달림, 수확, 거름 주기 등에서 매우 불편하다. 비닐 포트의 보급 이래 수박 육묘는 농가에서 직접 포트에 모를 길러 옮겨심는 것이 일반적이었지만 최근에는 노동력 부족 등으로 전문 육묘업체에서 생산된 플러그 모종을 구입하여 이용하는 경우가 증가하고 있다(67.1%).

〈표 4-1〉 과채류 재배 농가의 작물별 모종 구입처

(단위 : %)

	농가에서 농업에 종사 직접 기름하며 육묘장 운영		영농조합 등에서 공동육묘	농협육묘장	전문육묘업체	시험장 등	기타	계
수박	27.5	2.8	5.3	11.3	53.0	-	-	100.0
오이	36.6	9.9	1.3	7.1	43.8	-	1.3	100.0
참외	71.1	14.8	3.7	11.3	10.4	-	-	100.0
호박	68.2	6.2	3.4	4.6	16.2	-	1.5	100.0
가지	42.4	15.6	6.0	10.0	24.0	-	-	100.0
고추	44.9	17.4	1.2	3.2	31.3	0.2	1.9	100.0
토마토	23.8	5.0	2.7	4.7	61.1	-	2.7	100.0

※ 자료 : 농가조사 결과
※ 자료출처 : 육묘산업의 실태와 발전방안(농촌경제연구원, 2011년)

또한 전문 육묘업체에서 생산되는 수박 모종의 대부분은 접나무모(접목묘)의 형태로 생산되고 있다(93.5%).

〈표 4-2〉 육묘업체의 작물별 접목묘 생산비중

(단위 : %)

작물	접목묘	씨모(실생묘)	계
수박	93.5	6.5	100.0
오이	75.4	24.6	100.0
참외	68.9	31.1	100.0
호박	38.9	61.1	100.0
가지	42.5	57.5	100.0
고추	29.4	70.6	100.0
토마토	45.8	54.2	100.0

※ 자료 : 육묘업체 조사결과
※ 자료출처 : 육묘산업의 실태와 발전방안(농촌경제연구원, 2011년)

나. 수박의 육묘 방식

(1) 포트 육묘

포트 육묘는 농가에서 비닐포트 용기에 직접 모를 키우는 종래의 방식으로 농가에 육묘를 위한 별도의 시설이나 자재, 파종부터 아주심기까지의 관리노력을 필요로 하는 데다가 아주심기를 위한 운반이나 실제 아주심기 작업도 쉽지는 않다. 그러나 포트 육묘는 플러그 육묘에 비해 상대적으로 재배 용기의 크기가 크고 식물체 사이의 간격이 넓기 때문에 모종의 노화가 늦고 아주심기를 할 수 있는 기간이 길다는 장점이 있다.

(2) 플러그 육묘

플러그 육묘는 전문 육묘업체에서 전용시설과 장치, 자재를 갖추고 플러그 트레이에 모를 기르는 방식으로 재배 농가 입장에서는 주로 구입하여 이용하게 되므로 별도의 시설이나 자재, 노력을 필요로 하지 않는다는 장점이 있다. 또 아주심기 시 운반이나 아주심기 작업이 포트 모종에 비해서는 쉽다는 장점이 있다. 그러나 포트 모종에 비해 재배 용기의 크기가 작고 식물체 사이의 간격이 좁기 때문에 상대적으로 노화가 빠르고 아주심기 할 수 있는 기간이 짧다는 단점이 있다.

TIP *씨모(실생묘) : 종자가 알맞은 환경조건을 만나 발아되거나 출현되어 생육이 시작되는 어린 식물

포트 육묘

가. 육묘시설의 설치

육묘시설은 관리하기 쉽고 햇빛이 잘 들며 물 빠짐이 잘되는 장소를 선택해야 한다. 본밭 1,000㎡(300평)에 심기 위해 필요한 육묘 면적은 최소 50㎡(15평) 이상은 되어야 필요한 모종 간 간격을 확보할 수 있으므로 통로를 포함하여 70㎡(20평) 정도는 확보하는 것이 좋다.

반촉성재배나 올가꾸기(조숙재배)의 경우 온도가 낮고 햇빛의 양이 상대적으로 적은 시기에 육묘가 이루어지기 때문에 보온·가온이 필요하다. 온도 높임 시 온도는 전열선으로 조절하는 것이 편리한데 전열선은 3.3㎡(1평)당 300W, 즉 시판하고 있는 220V 한 세트로 10㎡(3평) 정도 설치하면 육묘에 충분한 온도를 유지할 수 있다.

보온을 위해 비닐을 덮을 때 비닐에 맺히는 물방울이 모를 기르는 곳으로 떨어지면 내부의 습도가 높아져 모잘록병이나 탄저병, 덩굴마름병이 많이 발생하므로 모판 폭보다 비닐터널을 약간 넓게 만들며 비닐 소재는 물방울이 맺히지 않는 무적필름을 이용하도록 한다. 억제 가꾸기(억제재배)의 경우 온도가 높고 햇빛의 양이 상대적으로 적은 시기에 육묘가 이루어지는데 이 시기에는 모종의 생육이 빠르고 연약하게 웃자라기 쉽기 때문에 시설 내 환기나 빛가림을 통하여 온도 상승을 막도록 한다.

포트는 전열선이나 지면에 직접 올려놓지 말고 포트 바닥이 지면에서 10cm 이상 떨어지도록 모종판에 벤치 구조물을 만든다. 벤치를 설치하면 뿌리가 포트 밖으로 나오지 않으므로 포트 돌리기를 할 필요가 없고 뿌리돌림이 잘된다. 또 병원균의 전파나 확산을 방지할 수 있으며 생육이 균일해진다〈그림 4-1〉.

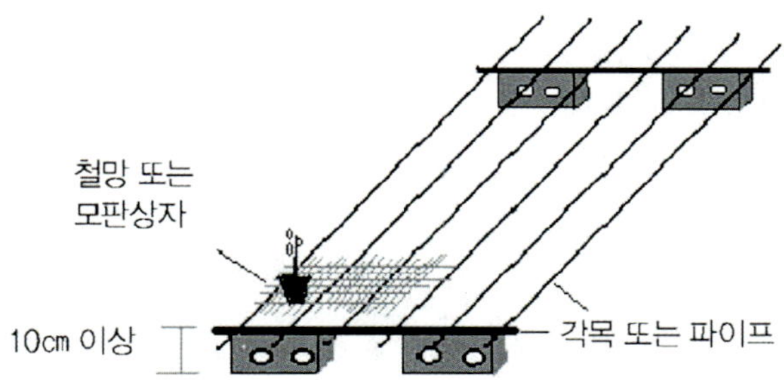

〈그림 4-1〉 농가에서 쉽게 만들 수 있는 육묘용 간이 벤치 모식도

〈표 4-3〉 재배 방식별 육묘 기간

파종기(월) 재배 방식		육묘일수	아주심기 시 전개 본잎 수	발생하기 쉬운 장해	환경조건과 육묘 포인트
촉성재배	11월 하순 ~ 12월 상순	40~50일	3~5	· 햇빛의 양이 적을 때, 수분 과잉이나 지온이 높아 웃자람 · 다습조건에 의한 병해 발생	· 햇빛의 양이 상대적으로 적은 시기이므로 채광에 신경 씀 · 물대기가 지나치지 않도록 주의 · 아주심기 후 저온에 견딜 수 있도록 충분한 순화
반촉성재배	12월 하순 ~ 1월 상순	30~40 일	3~5	· 약광하에서, 수분과잉이나 지온이 높아 웃자람 · 다습조건에 의한 병해 발생	· 약광기이므로 채광에 신경 씀 · 물대기가 지나치지 않도록 주의 · 아주심기 후 저온에 견딜 수 있도록 충분한 순화
올가꾸기 (조숙, 터널, 노지)	2~4월 하순	30~40 일	3~4	· 지온이 낮아 발아 및 생육 불량	· 햇빛의 양이 상대적으로 많아지는 시기로 물대기(관수)와 온도관리에 주의
하우스억제	7~8월 상순	20일 내외	2~3	· 모종 웃자람 · 고온조건하에서 접목 및 뿌리내림 실패 · 수분부족에 의한 시듦 증상 및 잎이 타는 증상 발생	· 해가림, 환기, 살수를 통해 시설 내 온도상승을 막음

나. 모판흙의 준비

모판흙(상토)은 통기성과 보수성(물을 보유하려는 성질)이 좋고 비료양분이 균형 있게 함유되어 있어야 한다. 토양산도(pH)는 5.8~6.5 정도가 적당하며, 염류농도(EC)는 지나치게 높지 않아야 하는데 1.2mS/cm(1:5 v/v) 이하가 좋다. 또한 병해충에 오염되어 있지 않아야 하며 잡초 등의 씨앗(종자)이 섞여 있지 않아야 한다. 여기에 노동 절약적인 면을 고려하여 모판흙이 가벼우면 더욱 좋다. 최근에는 이러한 조건을 충족시킨 질 좋은 모판흙이 개발되고 있다. 시판 모판흙의 재료는 피트모스, 코코넛섬유, 부엽, 왕겨 등의 유기물 재료와 펄라이트, 버미큘라이트, 지오라이트, 모래, 붉은 흙 등의 무기물 재료가 주로 이용되고 여기에 필요한 비료성분을 섞어서 만드는데 주재료의 선택과 섞는 비율 또는 비료의 첨가량에 따라 모판흙의 화학성이 다르게 된다.

수박은 육묘 기간이 비교적 짧고 모종을 크게 키울 필요가 없기 때문에 모판흙의 비옥도가 낮아도 육묘에 별다른 지장이 없다. 시판 모판흙 중에는 염류 농도가 높거나 혹은 산도가 높아서 임시심기(가식) 후의 뿌리내림 비율을 떨어뜨리거나 생육에 지장을 주는 경우가 있으므로 사용 시 주의하도록 한다. 구입한 시판 모판흙은 다른 재료와 임의로 섞어 사용하지 말고 너무 많이 담거나 짓누르지 말아야 한다. 용기의 크기가 작고 물대기를 많이 하면 비료 부족 증상이 일찍 나타날 수 있으므로 주의하고 시기를 놓치지 말고 웃거름을 주어야 한다.

다. 파종에서 접목까지의 관리

(1) 파종 시기

파종 시기는 아주심기 하고자 하는 날로부터 거꾸로 계산하여 결정하는데 재배 방식이나 계절에 따라서 다소의 차이가 있다. 아주심기에 알맞은 모종의 크기는 봄에는 본잎 3~4매, 여름에는 2~3매 정도이다. 이러한 모종을 키우려면 겨울철에서 이른 봄에는 온도 관리에 따라 30~40일, 여름에는 25~30일 정도가 소요된다. 많이 자란 모를 아주심기 하는 것이 여러 가지로 유리할 것처럼 생각되지만 포트 부피가 작을 때 모를 기르는 기간이 길어져서 큰 모종이 되면 대개 뿌리가 늙는다. 늙은 모종을 심으면 아주심기 후의 생육속도가 지연되어 결과적으로 재배 기간은 큰 차이가 없다.

또 온도가 높은 시기에는 증산작용(물이 수증기로 공기 중에 배출되는 현상)이 심하여 봄철과 같은 때 큰 모종을 심으면 아주심기 후에 시드는 경우가 많아서 열매가 달리는 마디의 암꽃형성에 큰 지장을 준다. 이 때문에 여름철에는 어린 모종이 유리하다.

포트의 크기는 모를 기르는 기간에 따라 차이가 있다. 모종 크기에 비해 포트의 크기가 작으면 뿌리가 꽉 차서 늙기 쉽고 너무 크면 아주심기할 때 부서지기 쉽다. 본잎 3매인 모종의 경우 직경 12cm 포트, 2매인 모종은 9cm 포트를 이용한다.

(2) 씨뿌리는 양 및 파종 면적

모판은 육묘상자 등을 이용하며 면적은 재배 면적 1,000m^2(300평)당 접수과 대목을 합하여 3.3m^2(1평)씩은 되어야 한다.

1,000㎡(300평)에 심기는 수박의 포기 수는 500~600주 내외이다. 따라서 수박의 발아율을 70~90%, 대목용 박인 호박의 발아율을 80%, 접목 뿌리내림 비율을 80%로 보면 필요한 종자량은 1,000㎡(300평)에 수박은 1,000~1,200립, 대목용 박이나 호박은 1,000~1,300립 정도가 필요한데 재배자의 육묘 능력에 따라 다소 여유 있게 준비한다.

(3) 파종 및 파종 후 환경 관리

파종용 모판흙은 병원균의 오염이 없어야 하므로 시판 중인 채소육묘용 경량 모판흙이 많이 이용된다. 한번 사용한 모판흙을 그대로 다시 사용하면 모잘록병이 많이 생기므로 사용하지 않는 것이 좋다. 수박 씨앗(종자)은 발아가 균일하지 않은 경우가 많으므로 싹을 틔워 파종하는 것이 발아의 균일도를 높일 수 있다. 싹 틔우는 방법은 종자를 습기가 있는 수건이나 가제에 잘 싸서 28℃ 내외에 20시간 정도 두면 종자 끝에 흰색의 촉이 보이는데 이때에 모판이나 육묘상자에 파종한다. 파종 시기가 너무 늦으면 파종 시 어린뿌리가 부러질 위험이 있으므로 주의한다.

종자는 육묘상자에 줄뿌림하는데 파종 간격은 발아 후 떡잎이 겹치지 않도록 접수인 수박종자는 줄 사이 간격(조간(條間))을 6~8cm로 포기 사이 간격(주간(株間))을 2~3cm로 하며 대목용 박이나 호박은 조간을 9cm, 주간을 4cm로 한다. 파종 후에는 질석(직경 2~3mm)이나 깨끗한 강모래를 이용하여 접수은 5mm, 대목은 8mm 두께로 흙덮기하며 너무 두껍게 흙을 덮지 않도록 한다.

접수과 대목의 파종 간격은 접목방법이나 재배 방식 등에 따라 달라지는데 보통 같은 날 파종하거나 대목을 하루나 이틀 정도 늦게 한다. 파종 후에는 충분히 물 대기하고 지온과 습도를 일정하게 유지하여 발아가 균일하게 되도록 신문지를 덮어준다. 대개 3일째부터 발아가 시작되고 4~5일이면 발아가 완료된다. 발아가 시작되면 바로 신문지를 걷어서 배축이 길어지는 것을 막아준다. 완전히 발아한 후에는 온도를 다소 낮추어 모종이 웃자라지 않도록 주의하여야 한다. 발아 후에는 지온 15~18℃, 야간 기온 18~20℃, 낮 기온은 25~28℃ 정도로 관리하고 환기를 충분히 실시하며 광선을 충분히 받도록 한다.

배게 심기(밀식)나 많은 양의 비료를 주어 웃자라면 아래 잎이 빨리 노화되고 암꽃의 분화 및 발육이 부실해진다.

플러그 육묘

가. 플러그 육묘의 특징

뿌리돌림이 플러그 트레이의 셀 내에서 잘 형성되어 아주심기 시 셀에서 상처 없이 쉽게 뽑히므로 아주심을 때 몸살이 적고 뿌리내림이 빠르다. 또 플러그 트레이 내에 각 셀이 균일한 간격으로 배치되어 있고 1포기당 셀 내 포함된 모판흙의 양이 같으므로 아주 균일한 모종을 생산할 수 있다. 그러나 파종부터 옮겨심기(이식)까지 재식 밀도가 변하지 않으므로 육묘 관리가 잘못되면 지상부가 웃자라기 쉬워 모종의 소질이 떨어질 수 있다. 따라서 육묘계절, 작물, 육묘기간 등을 고려하여 플러그 트레이를 잘 선택해야 하는데 수박은 32~50공 플러그 트레이를 이용한다.

나. 플러그 육묘의 이용

육묘장에서 플러그묘를 구입하는 농가가 차츰 증가하고 있으나 육묘장마다 모종의 소질 차이가 심하므로 신중하게 선택하는 것이 좋다. 먼저 파종 일자와 접목 일자를 확인하여 너무 늙거나 너무 어린 것은 피하여야 한다. 접목묘 구입 시 접목 부위는 단단하고 편편하며 생장점이 잘 빠진 것이 좋다. 또 웃자라지 않고 잎에 병무늬(병반)가 없으며 잎 색은 연한 녹색을 띤 것이 좋고 뿌리는 셀 밖으로 빠져나오지 않고 뿌리털이 많으며 하얀색을 띤 것이 좋다.

다. 플러그 육묘 시 시비관리

육묘 기간에 영양이 부족하게 되면 생육이 저해되며 아주심기 후에 뿌리내리기도 어려울 뿐만 아니라 꽃눈의 형성과 발육이 나빠진다. 특히 플러그에서 육묘할 경우 모판흙의 용량이 적고 모판흙에 밑거름이 많으면 생육조절이 어려우므로 물거름을 웃거름으로 주어 비료 주기를 조절하는 것이 원칙이다. 웃거름 횟수는 생육단계, 육묘하는 계절, 육묘 용기의 크기에 따라 다르다. 웃거름용 비료의 조성은 〈표 4-5〉와 같은 조성의 완전 물거름을 이용한다. 〈표 4-5〉는 무비료 모판흙을 사용할 경우 수박의 생육 단계별 비료 주기 관리 체계를 나타낸 것이다.

〈표 4-4〉 국립원예특작과학원 개발 육묘용 표준배양액의 조성 (N 112 ppm)

다량요소 비료 염농도(ppm)		비료량(g/MT)
KNO_3	2.4	242.6
$Ca(NO_3)_2 \cdot 4H_2O$	2.4	566.9
$NH_4H_2PO_4$	0.8	92.0
$MgSO_4 \cdot 7H_2O$	0.8	197.2

미량요소 비료 염농도(ppm)		비료량(g/MT)
Fe-EDTA	Fe 2~5	20
H_3BO_3	B 0.5	3.0
$MnSO_4 \cdot 4H_2O$	Mn 0.5	2.0
$CuSO_4 \cdot 5H_2O$	Cu 0.05	0.05
$ZnSO_4 \cdot 7H_2O$	Zn 0.05	0.05
$Na_2MoO_4 \cdot 2H_2O$	Mo 0.02	0.22

〈표 4-5〉 생육단계별 비료 주기 관리 (비료가 포함되어 있지 않은 모판흙을 사용한 경우)

생육 단계	생육 단계	시비 횟수
1단계	씨 뿌리기(파종)~떡잎전개	파종 후 1회
2단계	본잎 전개~본잎 1매	1회 / 3일
3단계	본잎 1매~본잎 3매	1회 / 2일
4단계	본잎 4매~아주심기	1회 / 일

라. 기타 관리

육묘는 저온기나 고온기 등의 불량환경에서 재배가 이루어지게 되어 병해충의 발생 가능성이 많다. 저온기에는 모잘록병, 고온기에는 진딧물, 총채벌레 등과 같은 해충의 발생이 쉬운 시기이므로 방제에 주의를 기울여야 한다. 모판은 근본적으로 습기가 많아 각종 병해가 발생할 가능성이 높으므로 병원균을 없앤 흙이나 모판흙을 사용한다. 병이 일단 발생하면 초기 발병 위치에서 급속하게 확산되므로 병든 포기를 뽑아버리고 물대기를 자제한다. 파종 후 모잘록병 예방을 위해서 오염에 각별히 주의한다. 또한 접목작업 시 바이러스 전염을 막기 위해 손이나 접목도구를 탈지분유 용액에 수시로 소독한다.

육묘일수가 짧은 어린 모종을 아주심기 하면 뿌리내림은 빠르나 온도, 수분조건이 좋을 경우 자칫 웃자라기 쉬워 암꽃 분화가 늦어질 가능성이 있고 육묘일수를 길게 하면 늙은 모종(아주심기 할 시기를 놓친 모종)이 된다. 늙은 모종을 아주심기 하면 꽃눈 분화 및 열매 달림은 순조로우나 뿌리내림이 늦어 초기 생육이 부진하다.

접목

가. 접목의 필요성 및 목적

시설재배 면적의 증가와 이어짓기로 인한 염류 집적, 토양 물리성 악화 및 토양 전염성 병균의 증가로 시설 내 안정적 재배가 불가능하게 되었다. 따라서 안정생산을 위하여 토양 소독, 새흙 넣기(객토), 돌려짓기 및 접목재배를 실시하여야 하는데 토양 소독은 비용이 많이 들고 수박 주산단지에서의 돌려짓기는 사실상 불가능하며 새흙 넣기는 그 효과가 2~3년밖에 지속되지 않고 환경 파괴적이므로 바람직하지 않다. 따라서 토양 전염성 병에 강한 대목을 이용한 접목재배가 재배자에게 가장 손쉬운 방법이다. 접목재배를 할 경우 토양 전염성 병해인 덩굴쪼김병 등의 발생을 줄일 수 있을 뿐만 아니라 저온신장성, 내습성 등 환경 적응성이 커서 재배의 안정성이 높다.

수박의 접목은 덩굴쪼김병, 급성위조병 및 이어짓기 장해를 방지하고 저온에서의 생육과 비료 흡수력을 증진하기 위하여 실시한다. 대목으로는 참박과 신토좌가 주로 이용되는데 모두 덩굴쪼김병에 강하다. 참박은 노지재배에 주로 이용되는데 열매 달림과 과일 품질이 우수하다. 신토좌는 저온기 시설재배에 많이 이용되며 저온과 다습에 강하고 비료 흡수력이 좋은 반면 과일 품질이 나쁘다.

나. 박과 채소에 주로 이용되는 대목의 종류와 주의점

작물이나 접목 목적에 따라 적절한 대목을 사용하여야 하며 우리나라에서 주로 사용되는 대목의 특성은 〈표 4-6〉과 같다. 접목 재배할 때 주의할 점으로 대목의 종류에 따라 거름 주어 가꾸기를 달리 행한다. 즉 세력이 왕성하여 잎자람새(초세) 조절을 잘못하면 발효과*와 속이 빈 과일 등 기형과의 발생이 많고 당도나 과실의 육질도 다소 떨어지는 편이다. 호박 대목은 비료 흡수력이 왕성하기 때문에

TIP *발효과 : 외관상 차이가 없지만 쪼개보면 색이 변해 있고 알코올 냄새를 풍기는 병. 저온과 일조 부족으로 열매 익는 과정이 지연되거나 세력이 강한 대목에 접목재배를 할 때도 나타날 수 있다.

다른 대목에 비해 밑거름의 질소와 칼륨을 1/3 정도 줄이는 것이 좋다.

재배 시기에 따라 대목의 효과에 차이가 있으므로 작형에 따른 재배환경 특성을 고려하여 대목을 선택한다. 접목은 수박의 생육뿐 아니라 과실의 품질에도 영향을 미친다. 수박 접목재배 시 대목의 종류에 따라 과실의 라이코펜과 시트룰린 등 기능성 성분의 함량에 차이가 있다.

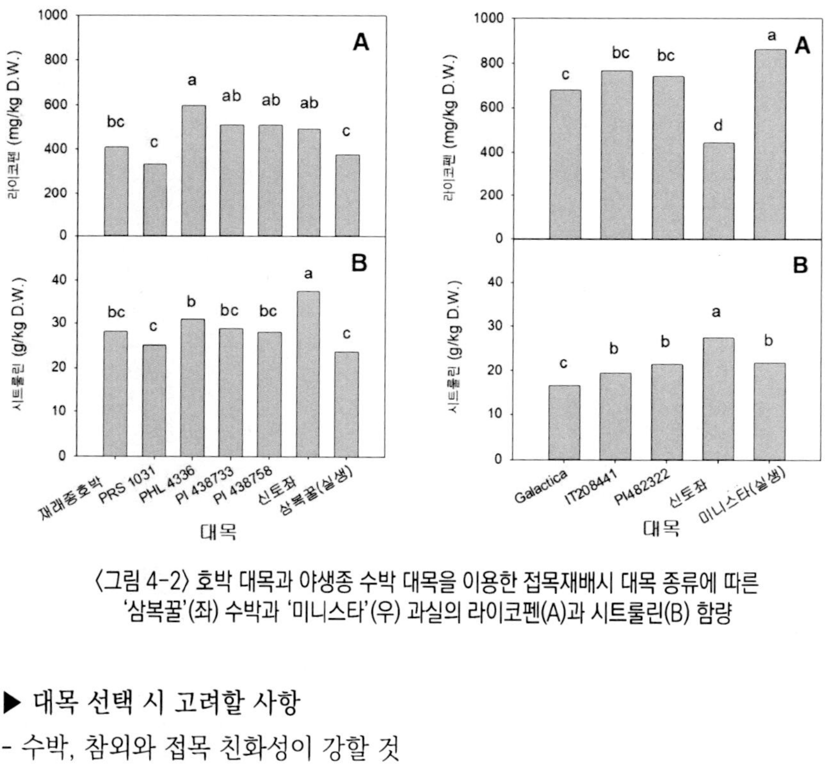

〈그림 4-2〉 호박 대목과 야생종 수박 대목을 이용한 접목재배시 대목 종류에 따른 '삼복꿀'(좌) 수박과 '미니스타'(우) 과실의 라이코펜(A)과 시트룰린(B) 함량

▶ 대목 선택 시 고려할 사항

- 수박, 참외와 접목 친화성이 강할 것
- 대목 자체의 덩굴쪼김병, 선충 등에 대한 저항성이 강할 것
- 가급적 환경 저항성이 강할 것(저온신장성, 내습성, 내염성 등)
- 접목하기가 쉬우며 재배하기가 용이할 것
- 접목한 수박의 꽃달림 및 열매 달림이 안정되어 있을 것
- 반드시 종자소독이 되어 있을 것(바이러스나 각종 병의 종자전염 방지)

〈표 4-6〉 박과 채소 대목의 종류와 장단점

종류	장점	단점
박	열매 달림 및 과일 품질 우수. 수박 덩굴쪼김병 강함. 수박과 접목 친화성 강함.	저온다습에 약함. 박 덩굴쪼김병 약함. 이어짓기 시 시듦증 발생.
호박	덩굴쪼김병에 강함. 저온에 강함. 비료 흡수력 강, 다습조건에 강함.	질소과다 흡수 우려. 기형과가 많이 발생. 발생당도 등 품질이 떨어짐.
수박공대	수박과 접목 친화성 강함 열매 달림 및 과일 품질우수.	저온다습에 약함.
안동오이	수박과 접목 친화성 강함. 시듦증에 다소 강함.	고온기 생육 약 및 품질 저하. 씨앗(종자)의 발아력 불량.
동아	수박과 접목 친화성 강함. 덩굴쪼김병에 강함. 더위와 건조에 강함.	저온신장성 약함. 다습에 약함.

다. 접목의 종류와 방법

박과 채소에 이용되는 접목방법 〈그림 4-3〉은 꽂이접(삽접), 맞접(호접), 편엽 합접 등이 다양하게 있지만 최근 육묘장에서 주로 이용되는 접목 방법은 편엽합 접법 또는 뿌리를 절단한 편엽단근 합접법이다. 이 방법은 호접법에 비해 합접법의 물관 접속 부위가 많아 뿌리내림 비율이 높고 접목 작업이 용이하며 접목 후 생육이 좋은 장점이 있다.

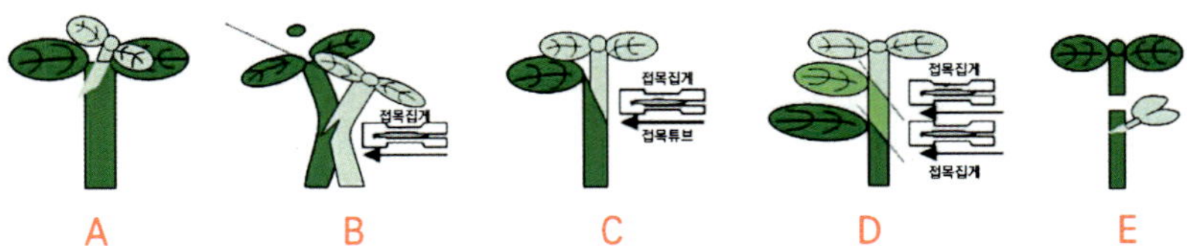

〈그림 4-3〉 여러 가지 접목 방법
(A) 삽접, (B) 호접, (C) 편엽합접, (D) 이중접목, (E) 상수접목

(1) 맞접(호접)

맞접(호접)은 접목 조작이 다소 복잡하여 노력이 많이 소요되지만 접수과 대목 모두 뿌리가 붙은 채로 접목하므로 접목 후의 관리가 어렵지 않아 초보자가 이용해도 뿌리내림 비율이 높다.

접목묘 생산이 어려운 고온기에도 비교적 많이 사용되는 접목법이다. 대목의 생장점을 제거하고 배축 상단에서 1/3쯤 되는 지점에 위에서 밑으로 비스듬히 45° 로 깊이 1/3 또는 1/2 정도로 칼집을 낸다. 접수은 반대로 밑에서 위로 1/2 정도의 깊이로 하여 잘라 올린다. 그런 다음 서로 맞추어 끼우고 클립으로 대목과 접수이 뒤틀리지 않도록 하여 접수은 클립의 안쪽으로 들어오게 하여 고정시킨다. 호접할 경우 접수의 뿌리를 절단하여야 되는데 보통 접목 후 14~18일 정도면 절단할 수 있다. 한두 포기를 먼저 절단해 보고 2~3일이 지나도 절단한 포기가 시들지 않으면 그때 나머지 포기를 한꺼번에 절단한다.

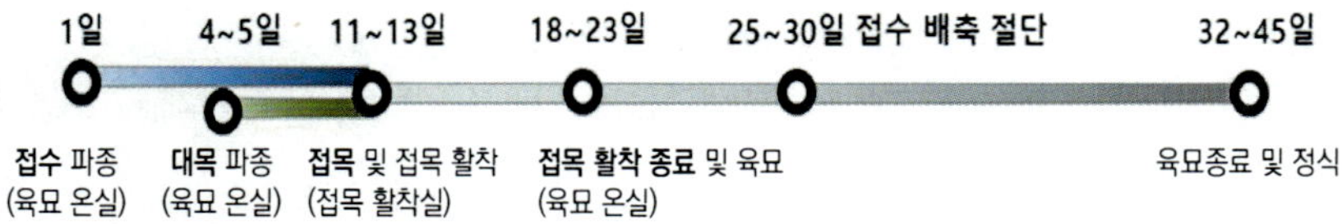

〈그림 4-4〉 호접의 작업 일정

〈그림 4-5〉 호접의 작업 과정 및 완료된 모습

(2) 꽂이접(삽접)

꽂이접(삽접)은 대목을 접수보다 일찍 파종한다. 접수의 줄기보다 대목의 줄기가 약간 굵은 것이 접목하는 데 유리하다. 온도와 환경조건에 따라서 다르지만 대목을 접수보다 2~4일 정도 일찍 파종한다. 삽접의 접목 적기는 대목의 본잎이 나와서 약간 전개되려는 상태, 수박은 떡잎이 막 전개할 때 실시한다.

대목은 생장점을 제거하고, 대나무 꼬챙이의 뾰족한 끝으로 떡잎의 한쪽 위에서 비스듬히 아래로 꼬챙이의 끝이 1~2mm 정도 나오게끔 찌른다. 단 줄기가 쪼개지지 않도록 주의한다. 접수인 수박은 면도칼로 한쪽 면을 비스듬히 깎는다. 접목은 접수의 깎인 면을 아래쪽으로 향하게 하여 대나무 꼬챙이를 빼면서 그 자리에 밀어 넣는데 이때 접수의 끝이 대목 줄기의 반대편으로 약간 나오도록 한다. 접수의 끝이 밖으로 나오지 않고 대목의 빈 공간 속에서 자라게 되면 일정한 시간이 경과한 후 수박 덩굴이 자라다가 시들어 죽을 수 있으므로 주의한다.

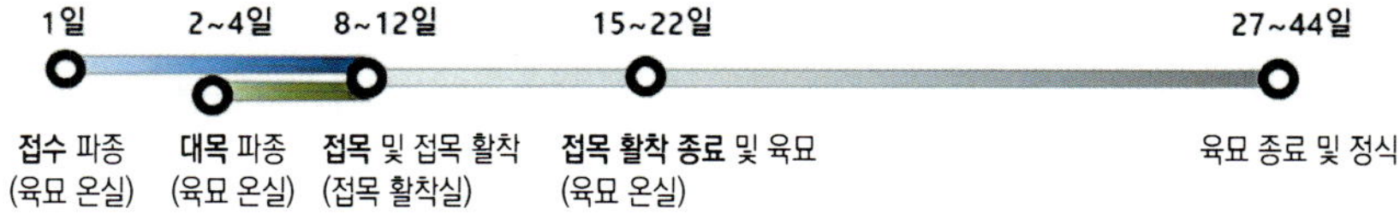

〈그림 4-6〉 삽접의 작업 일정

〈그림 4-7〉 삽접의 작업 과정

(3) 편엽합접 및 편엽단근합접

편엽합접 방법은 우선 대목의 한쪽 떡잎을 남기고 나머지 한쪽 잎과 생장점을 비스듬하게 45°로 제거한다. 그리고 접수의 떡잎 밑 1~2cm 부분을 45° 각도로 비스듬하게 절단한다. 대목과 접수의 절단면을 부착시킨 후 접목 클립으로 고정한다. 이 접목방법은 최근 육묘공장의 활성화와 더불어 접목방법이 쉽고 간단하기 때문에 많이 사용되고 있다. 편엽단근 합접은 대목의 뿌리를 절단하고 편엽합접한 후, 병원균에 오염되지 않은 흙(무병토양)에 접목된 모종을 꽂아서 새로운 뿌리를 발생시켜 모종을 키우는 방법이다.

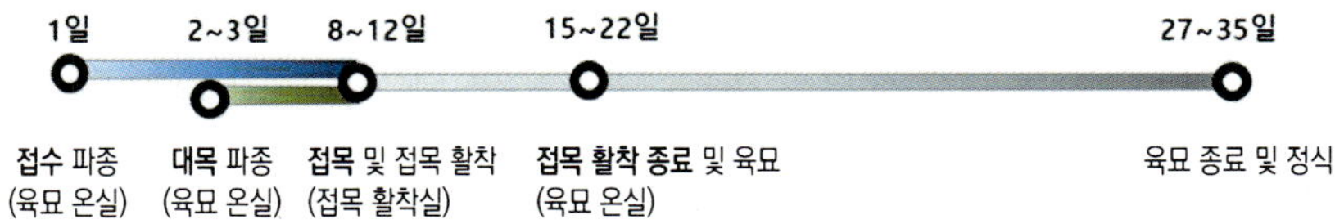

〈그림 4-8〉 편엽합접 접목 작업 일정

최근 수요가 증가하고 있는 소형과 수박 품종의 경우, 기존 중·대형과 품종에 비해 생육속도가 느리고 생육량이 적은 편으로, 품종 특성을 고려한 접수·대목 육묘 및 접목시기 조절이 필요하다. 중·대형과 품종 접목묘 생산 대비 접수의 육묘 기간은 늘리고 대목의 육묘기간은 줄여, 활착률과 생육을 높일 수 있다.

〈표 4-7〉 소형과 수박 접목 작업 일정

구분	접수(소형과 전용 수박품종)	대목(호박, 박, 수박 대목)
플러그 트레이 규격	128 또는 162공	40 또는 50공
접목 전 육묘일수	10일 내외	5일 내외
접목방법	편엽합접	
접목 후 활착기간	7일 내외	
활착종료 후 육묘일수	14~21일 (본엽 4-5매 전개)	

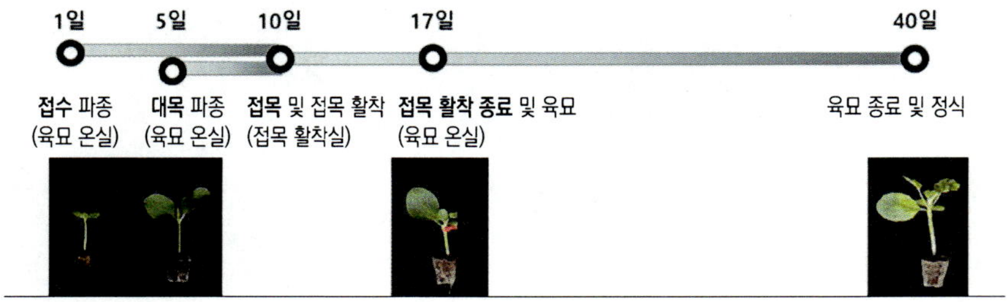

〈그림 4-9〉 소형과 수박 접목묘 생산일정

〈그림 4-10〉 편엽단근 합접의 작업 과정

(4) 접목 후 활착관리

접목과정에서 접수와 대목은 식물체 일부가 절단되어 인위적으로 연결되어 있는 상태이기 때문에, 뿌리로부터 지상부로의 물오름이 원활하지 않아 일반적인 환경조건에서 시들기 쉽고 이러한 상태가 지속될 경우 말라 죽을 수도 있다. 따라서 접목 직후에는 접목된 식물체가 시들지 않도록 관리하는 것이 매우 중요하다. 현재 채소 접목묘 생산 시 접목활착은 대부분 육묘시설 내 육묘벤치 위에 PE필름과 차광망으로 만든 터널(접목 활착상) 안에서 이루어지고 있다.

(5) 모종의 길들이기(순화)

아주심은 후 뿌리내림을 좋게 하기 위해서는 모종을 저온에서 길들이는 것(순화)이 필요하다. 접목 10일째부터 상온을 점차로 낮게 하고 낮에 날씨가 좋을 때에는 비닐을 모두 제거한다. 밤에도 따뜻한 때에는 거적을 덮지 않고 아주심기 전까지 12~13℃ 정도로 내려가게 유지한다.

(6) 아주심기

가능하면 맑은 날이 계속되어 아주심기 할 재배지의 지온이 육묘상보다 1~2℃ 높을 때 아주심기 하는 것이 뿌리내림에 유리하다. 시설재배의 경우는 미리 바닥을 덮고 하우스를 밀폐하여 지온을 높인 뒤 아주심기 한다. 너무 깊게 심으면 뿌리내림이 늦어지고 수박 줄기에서 뿌리가 내려 접목 효과가 상실되므로 포트지면이 지면보다 다소 높거나 같은 깊이로 아주심기를 한다.

〈표 4-9〉 접목 방법별 뿌리내림을 위한 환경 관리 요령

일수	환경	맞접(호접)	삽접, 합접
접목 당일	기온	주간 25~28℃, 야간 23℃	주간 26~28℃, 야간 25℃
	지온	23~25℃	25℃
	습도	90%	100%
	광선	시들기 시작하면 해가림	옮겨 직후 해가림
	환기	접목 후 밀폐	접목 후 밀폐
접목 후 1~2일	기온	주간 25~28℃, 야간 20℃	주간 26~28℃, 야간 21~23℃
	지온	23℃	25℃
	습도	80%	100%
	광선	광선이 강할 때만 약간 해가림	해가림
	환기	2~3시간 환기	밀폐상태로 둠
접목 후 3~4일	기온	주간 25~28℃, 야간 18~20℃	주간 26~28℃, 야간 19~21℃
	지온	20~30℃	22~24℃
	습도	80%	90%
	광선	가능한 해가림하지 않음	시들기 시작하면 해가림
	환기	일반 육묘에 준하여 환기	1~2시간 환기
접목 후 5~6일	기온	주간 26℃, 야간 16~18℃	주간 25~28℃, 야간 17~19℃
	지온	20℃	20~23℃
	습도	오전 80%, 오후 건조	오전 80%, 오후 약간 건조
	광선	일반 육묘에 준함	가능한 차광 않음
	환기	일반 육묘에 준함	시들지 않으면 환기량 늘림

핵심만 콕콕!!

제4장
육묘

1 육묘의 의미와 장점

- 육묘는 온실 등 환경조절이 가능한 곳에서 아주심기하기에 적합한 좋은 모종을 키워내는 작업과정이다.
- 육묘의 장점 세 가지는 다음과 같다. 첫째 파종 시기가 모를 기르는 기간만큼 앞당겨져 수확기를 앞당길 수 있고 수확기간도 연장되어 수확량이 많아진다.
- 둘째 생육이 균일하고 종자량을 크게 절감할 수 있다.
- 셋째 모를 기르는 기간만큼 본밭의 이용도를 높일 수 있고 시설난방 재배의 경우 난방비 또한 절감할 수 있다.

2 수박의 육묘

- 이전에는 농가에서 포트 용기를 이용해 직접 모종을 기르는 방식으로 수박을 육묘했지만 최근에는 전문 육묘업체에서 생산된 플러그 모종을 구입해 이용하는 경우가 증가하고 있다.
- 전문 육묘업체에서 생산되는 수박 모종의 대부분은 접나무모(접목묘)의 형태로 생산된다.
- 수박의 육묘 방식은 포트 육묘와 플러그 육묘로 나눈다.

3 포트 육묘

- 장점 : 플러그 육묘에 비해 재배 용기의 크기가 크고 식물체 사이의 간격이 넓어 모종이 크고 아주심기할 수 있는 기간이 길다.
- 본밭 1,000㎡(300평)에 모종을 심는다고 가정할 때 필요한 육묘면적은 최소 50㎡(15평) 이상이 되어야 하며 70㎡(20평) 정도는 확보하는 것이 좋다.
- 육묘 기간은 재배 방식별로 다르며 촉성재배는 11월 하순에서 12월 상순경 씨를 뿌려 40~50일, 반촉성재배는 12월 하순에서 1월 상순경 씨를 뿌려 30~40일 동안 키운다.
- 포트 육묘는 ①육묘시설 설치 ②모판흙의 준비 ③씨 뿌리기 및 씨 뿌린 후 환경 관리로 나눌 수 있다. 모판흙은 유기물재료와 병원균의 오염이 없는 깨끗한 흙을 한 층씩 교대로 쌓아 썩힌 후 사용하거나 시판되는 제품을 이용한다. ▶ 아주심기에 알맞은 모종의 크기는 봄에는 본잎 3~4매, 여름에는 2~3매이다.
- 본잎이 3매인 모종의 경우 직경 12cm, 2매인 모종은 9cm 포트를 선택하면 좋다.

4 플러그 육묘

- 전문 육묘업체에서 전용시설과 장치, 자재를 갖추고 플러그 트레이에 모종을 기르는 방식
- 장점 : 농가에서는 별도의 시설이나 자재, 노력을 필요로 하지 않는다. 또한 포트 모종에 비해 운반이나 아주심기 과정이 쉽다.
- 단점 : 포트 모종에 비해 재배 용기 크기가 작고 식물체 사이의 간격이 좁아 상대적으로 모종의 크기가 작고 아주심기할 수 있는 기간이 짧다.

5 접목재배

- 수박은 덩굴쪼김병 등 토양병의 발생을 줄이고 재배의 안정성을 높이고자 박이나 호박 등 박과 채소를 대목으로 이용하여 접목 재배한다.
- 접목을 위한 대목으로는 박과 채소인 참박과 신토좌 호박을 주로 이용하는데 덩굴쪼김병에 강한 장점이 있다. 참박은 노지재배에 주로 이용되며 열매 달림과 과일 품질이 우수하고 신토좌 호박은 겨울철 시설재배에 많이 이용된다. 신토좌 호박은 저온과 다습에 강하고 비료 흡수력이 좋은 반면 수박 품질은 나쁜 단점이 있다.
- 접목방법은 맞접(호접), 꽂이접(삽접), 편엽합접 등 다양한데 최근 육묘장에서 주로 이용되는 접목은 편엽합접법 또는 뿌리를 절단한 편엽단근 합접법이다. 이 방법은 뿌리내림 비율이 높고 접목작업이 쉽고 접목 후 생육이 좋다.

제5장 터널조숙 및 노지재배

1. 터널조숙 및 노지재배 현황
2. 아주심기(정식) 준비
3. 아주심기(정식)
4. 아주심은 후 관리
5. 수확 및 출하

1. 터널조숙 및 노지재배 현황

터널조숙 및 노지재배 동향

2020년 수박 재배 면적은 1만 1,580㏊ 중 노지재배가 2,623㏊로 23%를 차지하고 있으며 지역별로는 ①경북>②전북>③제주>④충북순으로 면적이 넓다. 노지재배 면적은 1980년에 94%였던 것이 매년 줄어들어 2000년에는 31%, 2005년에는 17%, 2010년 최근에는 14%대로 면적이 감소하다가 2016년에는 다시 17%로 증가하였으며 이후에는 유사한 수준을 보이고 있다. 2010년도 노지 면적이 잠시 감소한 원인은 지구온난화로 인한 기후변화의 영향으로 생육기간 중 지속되는 가뭄과 잦은 강우로 인해 초기 생육 부진, 열매 달릴 때에 비가 내려 착과 불량, 병해충 발생이 증가, 농촌인구의 감소와 고령화로 인해 노동력 부족, 재배관리가 힘든 점 등이다. 때문에 2000년부터 시설재배로 많이 전환하기 시작하여 잠시 면적이 감소하였으나 2011년 이후 수박 가격이 좋아 노지면적이 2005년도의 17%대를 회복하고 있다.

정부에서의 기상재해 위험을 덜어주고 안정적으로 고품질 수박생산을 위한 비가림 하우스시설 보급으로 수박 시설재배 면적이 늘어나는 것도 주요한 원인 중의 하나이다.

〈표 5-1〉 수박재배 형태별 점유비율

(단위 : %)

구분	1980	1990	1995	2000	2005	2010	2015	2020
노지	94	79	58	31	18	14	17	23
시설	6	21	42	69	82	86	83	77

※ 2020년 채소류 생산실적, 농림축산식품부, 2022

터널조숙 및 노지재배의 심기차례(작부체계)

마늘, 양파 등 겨울작물을 수확한 후 봄배추, 총각무 등의 뒷그루(후작)로 수박을 재배하는 경우와 수박을 먼저 재배한 후에 가을무나 가을배추를 뒷그루로 재배하는 경우가 많다.

터널조숙 및 노지재배의 특징

2월 하순부터 3월 하순 사이에 파종을 하고 수확은 7월 중하순에 하는 터널조숙 재배 방식은 아주심기 초기에 저온에 처할 위험이 있으나 생육 중기 이후부터는 수박 생육에 알맞은 환경조건이 되므로 큰 과실 생산에 유리하고 비교적 관리하기가 쉽다. 그러나 열매가 달릴 때에 흐린 날이 계속되거나 비가 자주 내리면 착과에 어려움이 많고 착과 이후에도 탄저병, 덩굴마름병, 역병 등의 발생이 심하므로 병해 대책에 만전을 기하여야 한다.

한편 4월 상순부터 5월 상순에 파종하는 노지재배 방식은 열매 달릴 때가 6월 상순부터 7월 상순 사이에 이루어져 생육 초기에는 장마기와 겹칠 우려가 있고 생육 후기에는 가뭄 피해를 입기 쉽다.

따라서 장마 전후에 병해대책에 만전을 기해야 하며 덩굴의 세력이 지나치게 왕성하여 웃자라는 일이 없도록 관리하여야 한다. 또한 장마 후 고온기에는 진딧물, 응애, 목화바둑명나방, 파밤나방 등의 피해가 없도록 해충 예방에 힘써야 하고 햇볕에 타거나 그을린 일소과나 육질악변과라고 하는 피수박 등의 생리장해에 대한 예방대책도 세워야 한다.

〈표 5-2〉 터널조숙 및 보통(노지)재배 방식

작형	재배 방법	지역	육묘방법	파종기	아주심기 시기	열매 달린 시기	수확기
조숙	소형 터널	남부 중부	온상	2월 하순~ 3월 하순	4월	5월 하순~ 6월 중순	7월 중하순
보통	노지	전국	온상, 냉상	4월 상순~ 5월 상순	5월	6월 중순~ 7월 상순	8월 상순~ 9월 상순

2. 아주심기(정식) 준비

시기의 결정

노지재배 수박은 기상조건이나 온도 관리에 따라 다소 차이는 있지만 아주심기 후 30~40일 정도면 적정 열매 달림(착과) 마디인 18~20마디에 착과시킬 수 있고 착과 후 수확 시기는 재배 방식, 품종, 지역에 따라 달라지나 일반적으로 40~60일 정도 소요된다. 따라서 아주심기 시기는 수확하는 시기를 정해놓고 파종기와 아주심기 시기를 결정하여야 한다. 이때 반드시 재배 지역 및 소형터널 설치 유무에 따라서 저온 피해를 받지 않는 범위에서 시기를 조절하여야 한다.

모종의 준비

병해충의 피해가 없고 뿌리 발육이 튼튼한 모종을 준비하여야 한다. 아주심기에 적당한 모종의 크기는 본잎이 3~5매 정도이다. 이보다 큰 모종을 아주심기하면 아주심기 직후부터 몸살을 심하게 하게 되어 뿌리내림이 늦고 아들덩굴의 발생도 늦어진다.

최근에는 대부분의 농가가 공동 육묘장에서 수박 모종을 구입하여 심고 있으므로 육묘장에서 모종을 가져왔을 때 외부환경에 길들여진 모종인지를 반드시 확인하고 심어야 아주심기 초기에 몸살을 줄일 수 있다.

포기 수의 결정

포기 수는 가지고르기(정지) 방법과 재배 방식에 따라 결정한다. 노지재배에서 8kg 전후의 상품 과실을 얻기 위해서는 심는 거리를 3.3㎡(1평)당 2~2.5포기를 기준으로 하는 것이 적당하다. 이 기준을 적용할 경우, 줄 사이와 포기 사이를 300cm×45cm로 하면 10a당 730포기가 심기고 줄 사이와 포기 사이를 300cm×50cm로 하면 10a당 660포기가 심겨 3줄의 덩굴을 낼 수 있으며 과실은 포기당 평균 1개를 착과시켜야 한다. 이보다 더 큰 과실을 얻기 위해서는 포기 사이를 넓게 심어서 아주심을 포기 수를 다소 줄여주는 것이 좋다.

〈표 5-3〉 심는 거리별 소요 포기 수

(10a)

포기당 덩굴 수	이랑 너비(cm)	포기 사이(cm)	아주심을 포기 수
3	300	50	660
3	300	45	730

퇴비 및 비료시용

수박재배에서 가장 중요한 것은 비료와 퇴비의 거름 주기로, 시비량은 전 생육기간 동안에 흡수하는 무기양분의 양을 토대로 결정하여야 한다.

그러나 수박의 무기양분 흡수량은 조사하는 지역에 따라서 약간의 차이가 나기 때문에 일률적으로 비료량을 결정하기란 사실상 불가능하다. 따라서 토양의 종류, 비옥도, 재배 방식, 재배 품종, 접목 유무, 앞작물(전작물)의 종류, 기상조건 등에 따라 결정하여 조절하여야 한다.

〈표 5-4〉 수박의 무기양분 흡수량(神奈川農試, 1968년)

(단위 : kg/10a)

구분	질소	인산	칼리	석회	마그네슘
줄기와 잎	4.8	0.8	3.3	10.0	1.7
과실	12.9	3.5	16.0	1.9	1.8
합계	17.6	4.3	19.3	11.9	3.5

〈표 5-5〉 수박 노지재배 표준 비료량(국립농업과학원, 1999년)

(단위 : kg/10a)

구분	질소	인산	칼리	퇴비	석회
계	20.0	5.9	12.8	1,500	200
밑거름	8.0	5.9	6.4	1,500	200
웃거름	12.0	-	6.4	-	-

※ 비료량은 1년 1기작 기준이며 1년에 여러 번 재배할 경우 작물의 흡수량과 목표량을 감안하여 표준 비료량보다 10~20% 정도 감량하며 사질토양에서는 웃거름 위주로 비료를 준다.

비료 주기는 밑거름과 웃거름으로 나누어 사용하는데 수박은 초기에 비료를 많이 필요로 하지 않으므로 밑거름은 열매 달리기 전까지 필요한 만큼만 주면 된다. 즉 10a당 시용량은 퇴비 1,500kg, 석회 200kg, 용성인비 25kg(인산 전량과 요소 17kg(질소 8.0kg)), 황산칼리 12kg 또는 염화칼리 10kg 기준으로 전층 비료 주기 한 뒤 10~15일 후에 아주심는다.

이랑 만들기

수박의 이랑은 중앙부를 높게 하고 경사지게 만들어 이랑 위에 물이 고이지 않게 해야 한다. 이랑의 높이는 높게 만드는 것이 좋으며 배수로는 많은 비가 내려도 골에 물이 고여 있는 시간이 짧도록 20cm 이상 깊게 만들어야 습해 및 병해충으로 인한 피해를 줄일 수 있다. 이랑의 너비는 재배자에 따라 다르지만 300cm 내외로 만드는 것이 일반적이다.

비닐 바닥덮기

아주심은 후에 지온이 낮으면 뿌리내림이 늦어져 생육이 불량해지므로 아주심기 전에 이랑에 바닥덮기(멀칭)를 해서 최대한으로 지온을 높여주는 것이 좋다. 바닥덮기 재료로는 일반적으로 흑색과 투명 두 가지 비닐필름이 이용되고 있는데 일부에서는 배색(투명+흑색)필름이나 녹색필름을 이용하기도 한다. 바닥덮기를 하면 지온 상승효과 외에도 제초효과를 기대할 수 있다.

필름종류별 지온 상승과 잡초발생 억제효과를 보면 투명필름은 지온 상승에는 가장 효과적이나 잡초발생 억제에는 효과가 없고 흑색필름은 지온 상승에는 효과가 적고 잡초발생 억제효과는 매우 크다〈표 5-8〉. 한편 녹색필름의 지온은 흑색보다 높고 잡초발생 억제는 흑색과 거의 비슷한 수준을 보이고 있다. 따라서 봄에 일찍 재배하는 경우에는 지온 상승을 위해 투명이나 녹색필름으로 바닥덮기하고 여름재배나 가을억제재배의 경우에는 풀이 나는 것을 방지하기 위해 녹색이나 흑색필름으로 바닥덮기 하는 것이 좋다.

〈표 5-6〉 수박의 무기양분 흡수량(神奈川農試, 1968년)

필름종류	잡초(g/㎡)		과일무게(kg)	당도(°Bx)	평균지온(℃)	소득지수(%)
	생체중	건물중				
투명필름	618	85	8.5	11.2	25.9	100
녹색필름	0.27	0.04	9.3	12.1	24.4	109
흑색필름	0	0	8.5	11.6	22.3	100

3. 아주심기(정식)

노지재배의 육묘기는 외부기온이 차츰 따뜻해지는 시기이기 때문에 접목 후 30~35일째가 되면 본잎이 3~4장 전개되어 아주심기에 알맞은 모종이 된다. 아주심기는 바닥덮기 후 적어도 3~4일이 지나 최저 지온이 15℃ 이상 충분히 상승한 다음 바람이 없는 맑은 날을 골라서 하는 것이 아주심기 초기에 몸살을 줄이고 뿌리내림을 좋게 한다.

수박을 심는 위치는 아주심은 후 덩굴의 배치를 고려하여 결정해야 한다. 이랑을 따라 덩굴을 유인할 경우에는 이랑의 중앙 또는 중앙에 가까운 쪽에 심고 이랑과 직각이 되게 덩굴을 유인할 경우에는 이랑의 안쪽 가장자리에서 30~40cm 정도 떨어진 위치에 심는 것이 좋다.

아주심기할 때 목화진딧물 등의 피해를 줄이기 위해 파구처리로 사용방법이 등록된 약제를 흙과 잘 섞은 다음 심으면 효과적이다.

아주심기 하루 전에 육묘상의 모종에 물을 충분히 주어 수분이 적당한 상태에서 아주심기를 하고 다음에는 수박 모종 뿌리가 본밭의 흙에 잘 접촉될 수 있도록 물 주기를 실시하는 것이 바람직하다. 수박 모종을 너무 깊거나 낮게 심지 않도록 하고 바닥덮기 비닐 사이로 바람이 들어가면 뿌리가 쉽게 마를 염려가 있으므로 흙을 덮은 뒤 가볍게 눌러 준다.

4. 아주심은 후 관리

열매 달림(착과) 전의 관리

가. 덩굴유인 재료 깔기 및 고정

아주심은 후 뿌리내림을 하면 덩굴이 지면을 따라 성장해 가는데 이때 덩굴이 바람에 말리지 않도록 바닥덮기 한 비닐 위에 덩굴손이 잡고 뻗어 나갈 덩굴 고정 재료를 깔아줘야 한다.

일반적으로는 볏짚을 깔고 바람에 날리지 않게 하기 위하여 그 위에 흙을 올려놓는 경우가 많은데 이때 올려놓은 흙이 탄저병 등의 1차 전염원이 되어 병이 많이 발생하는 원인이 된다. 따라서 볏짚 대신 차광망을 덮고 핀으로 고정하면 병해 발생을 현저히 경감시킬 수 있다.

〈표 5-7〉 덩굴 유인 재료와 고정 방법에 따른 병해 발생 정도
(전라북도농업기술원 과채류연구소 수박시험장, 1999년)

덩굴유인 재료	고정 방법	탄저병(%)			만고병(%)		
		병든 잎	병든 잎자루	병무늬수/포기	병든 잎	병든 잎자루	병무늬수/포기
차광망	핀/흙	3.6/8.5	0.4/1.7	0.3/4.1	7.3/7.3	2.3/2.7	0.05/0.12
볏짚	밴드/흙	8.9/30.0	1.1/11.9	3.0/26.6	5.7/16.9	1.4/5.2	0.10/1.37

나. 온도관리

노지재배의 경우에는 인위적으로 온도관리가 불가능하지만 터널조숙재배의 경우 아주심은 후에 보온을 위해서 소형터널비닐을 밀폐하여 온도를 다소 높여 주는 것이 좋다. 그러나 낮에 터널 내의 온도가 40℃ 이상 올라가서 잎이 시들거나 타는 등의 고온장해의 우려가 있을 때는 반드시 환기를 해주어야 한다. 환기가 불충분하면 온도가 너무 높아져 꽃눈분화에 이상이 생기고 암꽃의 분화가 늦어져 과실의 결실에 장해를 초래한다.

따라서 아주심은 후 5일째부터는 소형터널 내 환기에 많은 신경을 쓰면서 관리하여야 한다. 환기방법은 1차로 터널길이 8m마다 지름 10cm 구멍을 한 개씩

내고 20m마다 터널 아래쪽의 비닐을 들어 올려 주면 아래쪽에서 찬 공기가 들어가고 더운 공기는 위쪽의 구멍으로 빠져나가 환기가 잘된다. 또 밤에는 걷어 올려준 비닐을 내려서 땅 쪽의 환기구멍을 막아버리면 찬 공기가 들어가지 못해 소형터널 내에서 공기가 정체되어 기온이 서서히 내려가서 안전하다. 이렇게 하는 동안 바깥기온이 점점 올라가면 2차로 1차 구멍 사이에 구멍을 한 개씩 더 뚫어주어 관리하고 기온이 더욱 높아지면 기존에 뚫어준 구멍 사이사이에 또 구멍을 뚫어주어 관리하다가 날씨가 완전히 풀리는 5월 중하순경에는 터널비닐을 완전히 제거한 후 노지재배에 준해서 관리하면 된다. 이때 이미 설치된 터널을 완전히 제거하지 않고 〈그림 5-1〉에서 보는 바와 같이 활죽 또는 강선 사이사이에 반원형의 구멍을 뚫어 덩굴을 유인하면 농약살포나 곁순제거 등의 재배지 관리에는 다소의 어려움이 있으나 노지재배에서 발생하는 치명적인 덩굴마름병이나 탄저병 등의 발생을 줄일 수 있어 바람직하다.

〈그림 5-1〉 터널을 제거하지 않고 덩굴을 유인하는 모습

〈표 5-8〉 아주심은 후 온도관리

시기	낮 온도(℃)	밤 온도(℃)	비고
아주심은 직후	35~40	18	뿌리내림 촉진 및 곁순발생 촉진
뿌리내림 시기	25~30	13~15	-
착과기	25~30	15~18	14 ℃ 이하 꽃가루 발생 불량
성숙기	30 전후	13~15	-

다. 물 관리

수박은 건조함에 강한 작물로 아주심은 후부터 열매 달림(착과) 전까지는 특별히 물을 줄 필요가 없다. 그러나 생육 초기에는 대체로 뿌리가 얕게 분포되어 있으므로 토양수분이 부족하면 건조로 인한 피해를 받기 쉽다. 이때 건조의 해를 받으면 생육이 늦어질 뿐만 아니라 고온으로 일소현상*이 나타나기 쉬우므로 건조되기 전에 물을 주도록 한다.

초세가 약하여 덩굴이 가늘고 덩굴 끝부분에서 개화되는 경우에도 물을 주어 초세를 회복시켜 주도록 한다. 이 무렵에는 한 번에 많은 양을 주어 땅속 깊이 물이 스며들게 하는 것이 좋다. 재배 토양이 극히 얕거나 물 빠짐이 나쁜 토양에서는 부득이 소량씩 자주 줄 수밖에 없으나 일반 토양에서 소량씩 자주 주는 것은 좋지 않다.

라. 어미덩굴재배와 아들덩굴재배의 장단점

과거에는 순지르지 않고 어미덩굴과 아들덩굴을 동시에 기르는 재배 방법이 성행했으나 근래에는 어미덩굴 4~6마디에서 순을 질러(적심) 필요한 수만큼의 아들덩굴을 기르는 재배 방법을 많이 활용하고 있다.

수박 모종을 순지르기할 것인가 아닌가는 재배 목적과 재배 환경에 따라 결정하는 것이 바람직하다. 일반적으로 수확을 빨리하기 위해서는 어미덩굴에 착과시키는 것이 유리하나 수박의 특성으로 본다면 어미덩굴을 순지르기하고 아들덩굴을 재배하는 것이 착과가 용이하고 균일한 수박을 생산하는 데 더 적합하다.

마. 가지고르기 방법

가지고르기(정지)는 아주심은 후 아들덩굴이 40~50cm 정도 자랐을 때 원하는 수만큼 덩굴을 남기고 나머지는 제거한다. 아들덩굴의 각 잎에서 발생하는 곁순은 가급적 일찍 제거하여야 암꽃이 충실해져서 착과율이 높아진다. 곁순은 착과마디 바로 아래에 1개만을 남기고 착과 마디의 2~3마디 위까지는 전부 제거하며 그 위는 방임한다. 그러나 초세가 약할 경우에는 곁순 제거 시 잎을 몇 장 남겨 엽면적을 확보하도록 하여야 한다. 착과 후에는 모든 양분이 과실의 비대를 위해서 공급되어야 하므로 곁순의 발생이 심하지 않더라도 초세가 너무 강할 경우에는 몇 마디 정도 곁순을 계속 제거하여 과실의 비대에 나쁜 영향을 미치지 않도록 한다.
곁순은 맑은 날 제거하여 제거부위가 바로 건조되도록 하는 것이 좋다. 흐린 날 작업하여 제거부위가 쉽게 건조되지 않을 경우에는 상처를 통해서 병균이 침입하기 쉬우므로 유황가루나 살균제를 발라주는 것이 좋다. 노지재배에서는 착과 시의 온도조건이 비교적 좋기 때문에 아들덩굴을 골라 가지고르기를 한 후에 곁순을 철저히 제거하지 않더라도 당도는 차이가 없으며 과실의 크기 및 수량은 오히려 더 증가할 수 있다.

바. 덩굴유인 방법

덩굴유인 방법은 이랑 중앙에 심어서 이랑을 따라 유인하는 방법과 이랑 가장자리에 심어서 이랑과 직각으로 유인하는 방법이 있는데 어느 방법을 이용할 것인지는 재배 지역이나 재배 여건에 따라서 선택하면 된다〈그림 5-2〉.

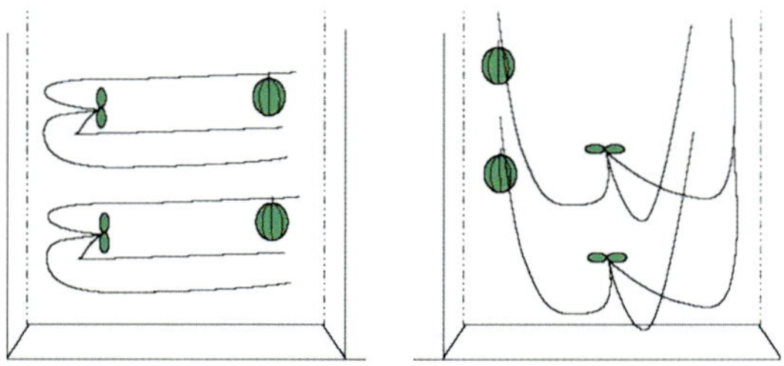

〈그림 5-2〉 수박의 덩굴유인 방법

수박재배 시에는 꽃가루 묻히기, 착과 표시, 열매솎기, 과실 바로 세우기, 수확 등 여러 가지 작업을 하여야 하는데 이를 능률적으로 하려면 덩굴을 고르게 배치하여 손이 닿기 쉽고 잎이 햇빛을 고르게 받을 수 있도록 하는 것이 중요하다.
가급적이면 이랑에 적게 들어가서 토양 물리성의 악화를 방지하고 지상부와 뿌리를 건전하게 보존하여 수량 및 품질에 좋은 영향을 미치도록 노력하여야 한다.
일반 관리 면에서 보면 이랑의 가장자리에 아주심기를 하여 덩굴을 한쪽으로 유인하는 것이 착과 위치가 비슷해져 편리하지만 지형, 바람 등의 제반조건을 고려하여 유인 방법을 결정하도록 한다.

TIP *일소현상 : 식물이나 작물에 물방울이 맺히면 물방울은 렌즈작용을 하게 되어 햇볕에 작물체가 타들어 가게 되는 현상으로 작물체가 피해를 받게 된다.

이랑 가장자리에 심어서 이랑의 반대편으로 덩굴을 유인할 경우에는 심은 자리에서 바로 유인하면 착과 마디가 이랑을 넘어갈 수도 있으므로 중앙 골 쪽으로 한번 돌려서 유인하는 것이 좋다. 덩굴이 이랑의 끝부분까지 자라면 통로에 늘어지지 않도록 되돌려 주어야 한다.

이랑 중앙에 심어 이랑을 따라 덩굴을 배치하는 경우에는 덩굴을 걸어 올려주기만 하면 된다. 그러므로 이랑 중앙에 심을 경우에는 이랑과 직각이 되게 덩굴을 배치하는 것보다 이랑을 따라 덩굴을 배치하는 것이 바람직하다.

착과 및 착과 후의 관리

가. 자연수분 및 인공수분

수박은 일반적으로 가루받이가 되어야 착과가 된다. 노지재배에서는 일반적으로 꿀벌이나 나비 등 방화곤충에 의해 자연적으로 가루받이가 되어 착과하지만 비가 오거나 구름이 낀 날에는 거의 되지 않아 착과율이 떨어진다. 이때는 인공수분을 병행하여 착과율을 높여주어야 한다.

인공수분에 사용할 수꽃은 비가 오지 않을 때는 당일 개화한 수꽃을 사용할 수 있으나 비가 올 염려가 있을 때는 다음날 아침 개화할 것을 모아서 비닐주머니에 넣어 물에 젖지 않도록 보관하였다가 사용한다. 흐린 날이나 저온이 계속되면 꽃가루가 나오는 시간이 늦어지는데 이때는 오후에 가루받이를 시키거나 늦게 벌어져 나온 꽃가루를 사용하여도 착과가 된다.

한편 노지재배에서는 인위적으로 토양수분을 조절하기 어려우므로 풀메트 등 식물호르몬제(착과보조제) 사용을 금하는 것이 좋다. 풀메트 사용 후 토양의 건습이 반복되면 과실이 쪼개지는 현상인 열과의 위험이 있으니 사용상에 주의를 하여야 한다.

나. 적정 착과 마디

모든 열매채소가 마찬가지지만 특히 수박에 있어서 아랫마디 착과는 과실이 작아지고 과실 길이보다 과실 폭이 큰 편형과나 과실 속이 비는 공동과가 많이 발생되어 상품성이 크게 떨어진다.

반대로 지나치게 높은 마디에 착과된 과실은 배꼽부분(꽃자리, 화흔부)이 커서 재배 과정에 열매 터짐(열과)이 발생할 가능성이 크고 기형과나 공동과가 될 수 있으며 영양생장만 지나치게 왕성하여 오히려 착과가 더 어렵게 될 우려가 있다. 그러므로 수박의 착과 목표는 신중히 검토되지 않으면 안 된다. 이것은 수확 목표일에 따라서 다를 수도 있지만 수박의 생리적 측면에서 보면 생육조건에 따라서 달라진다.

생육조건이 나쁠 때 아랫마디 열매 달림(착과)이 이루어지면 과실의 비대생육이 떨어지고 생육조건이 좋을 때는 다소 아랫마디에 착과시키더라도 초세가 과실의 중량을 감당할 수 있어 과실이 정상적으로 자랄 수 있다. 그러나 저온이나 비료 부족, 건조, 일조량 부족 등으로 발육조건이 나쁠 때에는 윗마디에 착과시키는 것이 좋다.

착과기의 최저기온이 14~16℃의 저온일 때는 어미덩굴은 20마디 이상, 아들덩굴은 15마디 이상이 필요하며 반대로 재배 조건이 양호할 때 즉 착과기의 최저기온이 20℃ 정도일 때는 어미덩굴의 15~18마디 아들덩굴의 10~12마디를 목표로 열매가 달릴 수 있게 하면 된다〈표 5-11〉.

〈표 5-9〉 암꽃 목표 마디와 꽃의 분화기(倉田, 1979년)

구분	재배 조건	암꽃 목표 마디	목표 마디의 꽃이 분화하는 묘의 크기(본잎수)
어미덩굴	저온하의 재배 온도가 충분한 재배	20~15마디	6잎 전개 직후(4.5~5잎 전개)
아들덩굴	저온하의 재배 온도가 충분한 재배	15~10마디	아들덩굴 1잎 전개(아들덩굴 제1잎 0.4 정도)

다. 초세 진단 요령

수박의 초세 진단 기준으로는 잎의 크기, 줄기의 굵기, 마디 길이(절간장), 짧은 털(모용)의 발생 유무 등 여러 가지가 있다. 초세와 암꽃의 개화 위치는 매우 밀접한 관계가 있으므로 개화 당일 암꽃에서 줄기 끝까지의 길이로 초세를 판단하는 것이 일반적이다.

개화 당일 암꽃에서 줄기 끝까지의 길이가 30~40cm 정도이면 초세가 적당한 상태이다. 초세가 너무 약하여 암꽃의 개화 위치가 덩굴 끝에서 30cm 이내가 되면 착과는 잘되나 그 후 과실의 비대발육이 불량해서 수량이 떨어진다. 초세가 너무 강하면 덩굴 끝이 굵고 소털이 많이 발생하여 위를 향해 뻗어 있다. 이런 경우에는 토양수분을 다소 부족한 듯이 공급하고 낮은 위치에 착과시켜 초세를 다소 억제시킨 다음 적절한 위치에 착과를 시키고 낮은 위치에 착과된 과실을 모두 제거하여야 한다.

〈표 5-10〉 수박 초세 진단 요령

초세	생육 및 착과	개화마디의 잎길이	끝순의 각도와 높이	개화 당일 암꽃줄기 끝 길이
약	· 생육 부진 · 착과양호 · 과실 비대 불량	13cm 이하	낮음, 2cm 이하	30cm 이하
적당	· 생육 적당 · 착과 양호 · 과실 비대 양호	15~18cm	중간, 5cm 전후	30~40cm
강	· 생육 과다 · 착과 불량 · 과실 비대 양호	20cm 이상	높음, 7cm 이상	50cm 이상

라. 착과 불량 시 대책

암꽃의 개화 마디가 알맞고 가루받이가 적당하더라도 열매가 달리지 않는 경우가 있다. 이것은 대부분 개화기 전후의 일기불순이 그 원인인데 5월 하순부터 6월에 지온과 기온이 상승하면 초세가 약한 것도 금방 눈에 띄게 생육이 왕성해진다. 그러나 이 시기에는 비 오는 날이 많기 때문에 착과 불량으로 수량이 떨어지는 경우가 많다.

(1) 질소질 비료를 줄이고 식물체를 튼튼하게 키운다.

요즘은 비닐 바닥덮기와 접목재배의 기술보급으로 기존의 재배 방법보다 30~40% 정도 비료를 적게 주는 것이 타당하다. 특히 수박은 열매 달림(착과) 전에 잎자람새(초세)가 너무 강하면 착과시키기가 무척 힘들다. 그러므로 초기에는 비료 특히 질소질 비료를 줄여서 튼튼하게 키우다가 착과 후부터 초세를 강하게 관리하여야 한다.

(2) 순치기는 초세를 보아가며 천천히 한다.

아주심은 후 초기 생육이 왕성할 때나 일기가 불순할 때 순치기를 너무 일찍 서두르면 남은 덩굴에 영양분이 집중되어 덩굴이 무성해져 착과가 어렵게 된다. 이때에는 곁순이 그대로 자라도록 두었다가 암꽃의 꽃 필 때(개화기)가 가까워지면 긴 곁순만을 한 번에 제거한다. 이렇게 하면 일시적으로 초세가 약해져서 착과가 잘된다.

(3) 착과 예정 덩굴을 순지르기하여 갱신한다.

어떻게 해도 착과가 안 될 때는 덩굴을 밑에서부터 1~1.5m 남기고 순지르기한 후 순지를 마디 아래에 자라고 있는 긴 곁순은 모두 도태시키고 이때 어린 수박이 착과되어 있을 경우 함께 제거한다.
이렇게 순지르기 부위 근처에서 새로운 곁순 중 1개만 남겨서 키우도록 하는데 착과는 이 곁순 1번 암꽃을 이용하는 것이 좋다. 이런 방법으로 착과를 시키면 수확은 10일쯤 늦어지지만 착과가 고르고 비대를 순조롭게 시킬 수 있어 효과적이다.

마. 웃거름(추비)

웃거름은 착과된 과실이 충실하게 클 수 있도록 돕는 역할을 하는 것이므로 덩굴이나 잎자라는 상태를 잘 살펴보고 실시하여야 하며 흙 성질에 따라서 횟수를 조절하는 것이 좋다. 만일 시기를 잘 맞추지 못하면 덩굴만 무성해지고 착과나 과실이 크는 데 아무런 도움을 주지 못하므로 웃거름 시기를 잘 파악하여야 한다. 웃거름은 2~3번으로 나누어주는 것이 좋은데 1차는 착과가 완전히 이루어져서 과실이 큰 계란 정도 크기로 자라면 준다. 이때 요소 6.5kg에 염화칼리 5kg(또는 황산가리 6kg)을 섞어서 주고 나머지 웃거름은 1차 시용 후 10~20일 사이에 초세를 보아가면서 시용한다. 이때 초세가 약한 곳에는 많이 주고 초세가 강한 곳에는 양을 적게 조절하여 덩굴의 세력을 균일하게 하는 것이 필수적이다.

바. 착과 후 물 관리

과실의 발육은 씨방의 크기와 착과 후 7~14일간의 생육조건에 따라서 크게 영향을 받으므로 큰 과실을 수확하기 위해서는 착과 후에 잎자람새(초세)를 강하게 관리하는 것이 좋다. 과실은 보통 착과 후 20~30일경이면 크기는 수확과의

60~80% 정도, 과실 무게는 수확과의 80% 정도에 이르게 된다. 그 이후에는 착색이 되고 당도가 높아지는 성숙기에 이르게 된다.

일반적으로 노지재배에서는 착과 후에 자연강우에 의존하는 경향이 강한데 가뭄이 오래 지속되면 과실 비대가 불량해지므로 가능하면 1차 웃거름을 주면서 동시에 물 주기를 실시한다. 그 후 초세를 판단해서 2~3회 물 주기와 웃거름을 함께 실시한다. 비대 후기에 물 주기를 하여 토양수분이 급격하게 변하면 열과 및 품질저하의 원인이 되므로 주의하도록 한다.

사. 열매솎기

착과 후 과실이 계란 정도의 크기가 되었을 때 불필요한 과실을 따내는 열매솎기를 한다. 열매솎기할 때는 1~2번 과실부터 제거하는 것이 좋은데 초세가 강하면 목표 마디인 3번과 착과가 확실해질 때 열매솎기를 해주고 초세가 약할 때는 그보다 먼저 하는 것이 좋다.

열매솎기 방법은 1주 2덩굴이나 3덩굴 재배 시에는 1개 과일을 남기고 4덩굴 재배 시에는 2개 과일을 남기는 것이 우량과를 수확할 수 있는 조건이 된다. 열매솎기를 할 때는 모양이 좋고 씨방 폭에 비해 길이가 길며 꼭지 부분이 굵은 것을 남기도록 한다. 열매솎기를 하지 않고 착과된 과실을 모두 키우면 과실의 비대가 불량하며 여러 가지 생리장해가 발생될 수 있으므로 목표 과실만 남기고 반드시 열매솎기를 해줘야 한다.

아. 과실 바로 세우기

수박의 크기가 2~3kg 정도(과실지름 10~15cm) 되면 과실을 바로 세워주고 과실 밑에는 짚이나 받침대를 깔아주어 과실의 병 발생과 기형과가 되는 것을 막아준다. 과실의 위치를 바로잡아줄 때 주의하여야 할 점은 원형인 과실의 경우 과실자루가 위로 올라오도록 과실을 세워주어야 하나 과실이 긴 타원형과의 경우에는 옆으로 누인 채로 반듯이 놓아주면 된다.

과실이 커지면 땅에 닿는 부분이 과실 무게에 의해서 편평해지거나 착색이 되지 않으므로 과실 비대 중기 이후에는 옆으로 돌려주어 과형을 바로잡고 햇빛이 닿지 않는 부분에 햇볕을 쬐어 과실 전체에 색이 들도록(착색) 한다.

자. 과실 햇빛 가려주기

터널조숙 및 노지재배에는 과실 비대 후기가 7~8월의 고온기에 해당하므로 과실이 햇빛에 노출되면 과실 표면의 온도가 지온보다 13~15℃ 높게 되어 40~50℃에 달하며 과실 표면보다 2.5cm 깊이의 내부는 기온보다 6~7℃ 정도 높고 약 5cm의 내부는 4~5℃ 정도 높게 된다. 이와 같이 과실 표면이 강한 햇빛이나 고온에 접하게 되면 과실 표면이 백황색으로 그을리는 일소현상이 나타나고 과육도 변색되어 신선도가 떨어진다.

또한 과실 내의 온도가 지나치게 상승하면 피수박이 많이 발생되는 경향이 있다 〈그림 5-3〉. 따라서 터널조숙 및 노지재배에 있어서는 과실 비대 후기에 반드시 볏짚이나 발포PE스티로폼 등을 이용하여 직사광선을 막아주어야 과실 표면의 광택이 선명해지고 품질도 좋아진다〈그림 5-4〉.

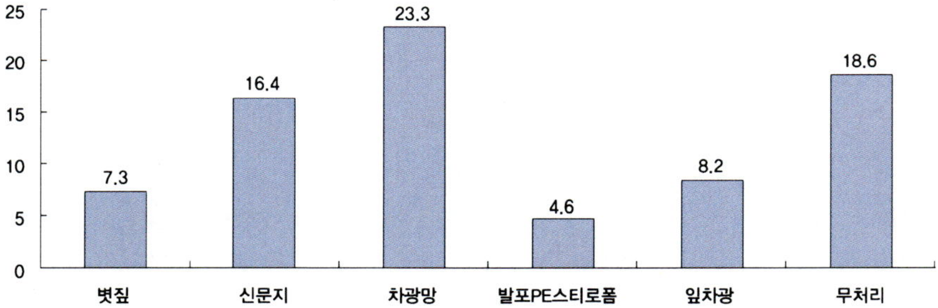

〈그림 5-3〉 과일 차광재료별 피수박 발생률(%)

〈그림 5-4〉 볏짚을 이용해 햇빛을 차단해준 모습

5. 수확 및 출하

수박의 숙기 판정은 오래전부터 두들겨 보거나 외부에 나타나는 색, 광택, 과실 꼭지 솜털 상태, 덩굴손 및 착과 마디 잎의 상태 등을 보고 수확하였다. 그러나 숙기 판정은 꽃가루받이 일자를 기록하여 두는 것이 정확하다. 꽃가루받이 후 평균기온이 25℃ 전후일 때 터널조숙재배는 40~50일, 28℃ 전후일 때 노지재배는 35~45일 정도가 소요되므로 수확 예정일이 가까워지면 과실 몇 개를 실제로 잘라서 완숙 여부를 보고 수확기를 판정하는 것이 좋다.

수확은 가급적 과실 내의 온도가 올라가기 전인 오전 중에 하고 그늘진 곳에 두었다가 시장에 출하하는 것이 신선도를 오래 유지할 수 있어서 좋다.

핵심만 콕콕!!

제5장 터널조숙 및 노지재배

1 노지재배 면적 변화

▶ 1980년 우리나라 수박재배 면적의 94%를 차지했던 노지재배는 2010년 14%를 기록하였다. 재배 면적의 감소 이유는 기후변화, 농촌인구의 감소와 고령화 등을 꼽을 수 있다.

2 터널조숙 및 노지재배의 특징

▶ 터널조숙재배는 2월 하순~3월 하순에 파종을 하고 7월 중하순에 수확한다.

▶ 큰 과실 생산에 유리하고 비교적 관리하기가 쉬운 장점이 있다. 그러나 착과기에 비가 자주 내리면 열매 달림(착과)이 힘들고 병해의 발생이 심할 수 있다.

▶ 노지재배는 4월 상순~5월 하순 파종하고 8월 상순~9월 상순 수확한다.

▶ 장마 전후에 병해 대책에 힘써야 하고 장마 후 고온기에는 일소과나 피수박 등이 출현하지 않도록 예방 대책을 세워야 한다.

3 노지재배의 순서와 주의점

▶ 노지재배는 아주심기 준비 → 아주심기 → 아주심은 후 관리 → 수확 및 출하로 나눌 수 있다.

▶ 아주심기 준비 단계에서는 모종 준비 후 포기 수를 결정한다. 지온 상승과 김매기(제초) 효과를 위해 비닐 바닥덮기(멀칭)를 한다. 봄에 일찍 재배하는 경우에는 투명이나 녹색 필름을, 여름재배나 가을억제재배는 녹색 또는 흑색필름을 선택한다.

▶ 아주심기는 본잎이 3~4장 전개되고 최저 지온이 15℃ 이상 충분히 상승한 다음 바람 없는 맑은 날에 한다. 이랑을 따라 덩굴을 유인할 경우에는 이랑의 중앙에, 이랑과 직각으로 유인할 때는 이랑의 안쪽 가장자리에서 30~40cm 정도 떨어진 위치에 심는다.

▶ 아주심은 후 관리는 착과 전 덩굴유인과 온도, 물 관리 등이 있고 착과 및 착과 후 관리에는 적정 착과 마디와 초세를 반영해 착과시키고 웃거름 주기, 열매솎기, 과실 바로 세우기, 햇빛 가려주기 등을 진행한다.

제6장 시설재배

1. 시설재배 방식
2. 시설재배 방식에 맞는 품종 및 비가림재배
3. 시설의 환경 관리
4. 비료 주기 관리
5. 지주재배 기술
6. 배지경 양액재배 기술

1. 시설재배 방식

촉성재배

가. 재배 방식의 특성

우리나라의 촉성재배는 대부분 남부 지방 및 연동형 하우스 시설농가에서 이루어지는데 11월 상순에서 12월 중하순까지 파종하고 3월 상순부터 수확하는 재배 방식이다. 온도를 높이지 않고 재배하므로 가장 불리한 재배 방식이나 일부 10월 중하순에 씨를 뿌려 설날을 전후해서 출하하는 재배 방식도 상당히 많다. 이 시기에는 수요가 많지 않아 넓은 면적 재배가 어려우나 고가로 판매할 수 있다.

나. 재배 및 특기사항

이 재배방식은 추운 시기에 생육 및 열매 달림이 되므로 온도가 높고 일조가 풍부한 동남부 지역이 적지이다. 서남부 지방에서도 바람이 적은 곳, 〈그림 6-1〉과 같이 일조시수가 많고 기류가 정체되지 않는 곳이면 무방하나 점질토보다는 사질토양이 지온 상승이 좋아 바람직하다. 수박은 파종해서 육묘 기간이 40~50일, 영양생장기간이 40~45일, 개화 후 40~55일경이면 수확할 수 있으므로 수확할 날짜를 역산하여 아주심기 시기를 조절하는 게 좋다. 이 시기에 아주심기 작형은 이미 땅이 얼기 시작한 시기이므로 시설설치 시 환풍기를 꼭 설치하고 보온도 〈그림 6-2〉와 같이 하는 것이 좋다. 하우스와 하우스 사이의 배수구에 PE필름으로 토양을 덮는 것이 지온확보에 유리하고 두둑의 높이도 다소 높게 하는 것이 지온 상승에 유리하다.

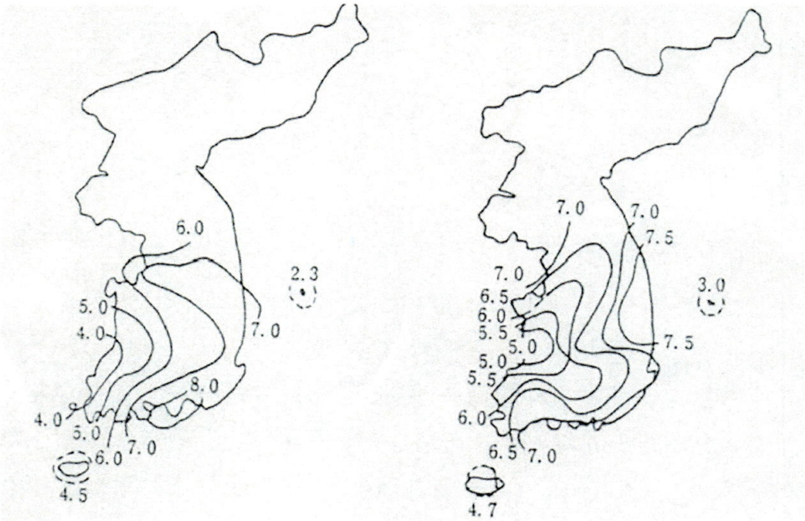

〈그림 6-1〉 전국의 1~2월 평균 일조시수 분포

※ 수박 시설재배의 경우 주로 단동형 하우스를 이용하는데

- 겉덮개(외피복)는 0.1~0.13mm의 EVA 또는 PE필름 이용
- 속덮개(내피복)는 0.1~0.13mm 2중 커튼 필름
- 환기시설은 곡부에 설치하여 옮겨감기장치(권취기)를 이용
- 터널은 0.3mm PE필름으로 덮기
- 하우스 측면에 이랑을 만들어 두둑의 지온을 상승

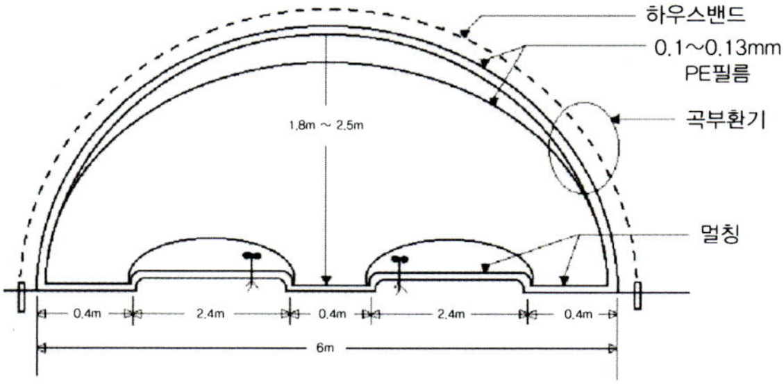

〈그림 6-2〉 다중 덮개(피복) 요령

다. 시설설치

촉성재배의 경우 태양의 고도가 낮고 해가 떠서 지는 시간이 짧으므로 어떻게든 광선을 쬐는 시간을 최대한 길게 해주고 광선이 비치는 조사 각도가 좋도록 설치해야 한다. 다 같은 시설 내에서도 북쪽 이랑은 생육이 좋은 반면 남쪽 이랑은 생육이 좋지 못한 경우를 흔히 본다. 겨울철의 경우는 해가 동남쪽에서 떠서 서남쪽으로 지므로 일조시간이 대체로 7~8시간밖에 되지 않는다. 따라서 태양고도가 낮고 저온 약광(弱光)에서는 동서방향으로 설치하여 투과하는 빛의 양[투과광량(透過光量)]과 온도를 높이는 것이 유리하나 봄 재배 작형은 남북방향으로 설치하는 것이 합리적이다.

라. 본밭 정리

촉성재배의 경우 외골재배가 많은데 겨울철에는 지온이 낮아 인산이나 칼슘의 이용이 적어 미량요소 결핍증이 나타나는 경우가 많다. 촉성재배 시 문제가 되는 지온 확보를 위해 토양을 덮은(멀칭) 후 바로 소형터널, 중형터널을 씌워 지온을 높이고 심을 구덩이에 1~2L의 물을 주고 2~3일을 기다린다. 수박뿌리는 산소가 많은 땅에서 깊이 뻗어가므로 모든 재배지에 물을 주면 토양 중에 공기가 빠져나가고 물이 많은 상태가 되어 얕은 뿌리 형태로 된다. 저온기 재배일수록 굵은 뿌리가 깊게 뻗어 건조피해나 저온장해에 견딜 수 있는 뿌리 형태로 만들어 주어야 한다.

마. 아주심기(정식)

저온기 재배 시 포기 간격을 좁게 하면 잎과 잎이 겹쳐 광선효율이 좋지 않으므로 포기 사이를 60~71cm로 재배하는 것이 바람직하며 똑바로 심는 것이 굵고 깊은 뿌리를 만드는 요령이다. 아주심은 직후 흙과 포트 사이의 공기를 없애기 위해 20℃ 내외의 온수를 주는 것이 좋다. 아주심을 때 단위 면적당 심은 포기 수를 뜻하는 심는 간격(재식밀도)은 이랑 너비를 2.5~2.7m(2줄 재배)로 심어서 시설 1동에 300~400포기가 들어가도록 한다. 이 시기의 재배는 온도가 생육의 제한요소가 되므로 보온에 주의하되 지나치게 계속 높은 온도로 관리하게 되면 착과불량 문제가 야기되므로 유의해야 한다.

특히 뿌리내릴 때부터 생육 초기까지는 약간 고온으로 관리하고 낮 동안의 최고

온도는 35℃ 이내, 평균 27℃, 야간의 최저온도는 13℃ 이상을 목표로 낮 동안은 2중으로 덮고 밤에는 4중으로 덮는 정도로 관리하는 것이 좋다. 뿌리내림(활착) 촉진에는 지온이 중요하므로 이 시기에 뿌리가 넓고 깊게 뻗도록 관리하는데 아주심은 직후에는 5~7일간 터널을 밀폐해 주되 온도가 40℃가 넘지 않도록 관리해야 한다. 모종의 나이나 모종의 상태에 따라 다르지만 아주심기를 하면 1~2주 사이에 20마디 전후까지의 꽃눈분화가 진행되는데 40℃ 이상의 고온이 계속되어 45℃가 넘으면 암꽃은 물론 수꽃도 현저하게 작아지고 기형화 등이 많아져 착과에 악영향을 미친다.

근권온도(뿌리가 퍼져 있는 부분의 온도)가 낮은 경우에는 '명가왕'(촉성 품종)에서 적응성이었고 20℃ 지온에서는 생육이 양호하고 당도도 높았으나 무처리나 25℃에서는 생육이 부진하였으며 시듦증은 '삼복꿀' 품종에서 많이 발생되었다. 지온이 낮은 경우에 소비도가 높은 '삼복꿀'을 앞당겨 재배하면 문제가 있으므로 적기재배를 권장한다.

바. 1차 웃거름

아주심은 뒤 뿌리내림이 확인된 후 6~7마디가 자랐을 때 가볍게 웃거름을 주는 것이 효과적이다. 이때는 뿌리가 활력을 완전히 찾지 못하고 토양 내 밑거름이 분해되지 않은 상태이다. 그 때문에 이 시기에 흡수가 빠른 황산암모니아(유안)를 330m^2 기준 1동당 5~7kg을 액비 주입기로 포기와 포기 사이에 주면 뿌리내림과 동시에 덩굴의 생장이 빨라지고 흡수 또한 교배기가 가까워지면 밑거름으로 사용한 비료와 같이 흡수되어 유안비료는 거의 소실된다. 이때 물 주기를 겸한 웃거름이기 때문에 1동당 500L정도가 들어간다.

사. 가지고르기

가지고르기는 아들덩굴이 30~50cm일 때 해 주되 너무 일찍 하면 뿌리자람(신장)에 장해가 오기 때문에 피하는 것이 좋다. 재식거리 45cm의 경우는 2줄 재배, 60cm의 경우는 3줄 재배를 하는 게 바람직하다. 촉성재배를 하면 덩굴의 신장도 활발하지 않기 때문에 덩굴 고르기 때 잎순 전체를 자르지 말고 1잎을 남기고 잘라주는 방법도 잎 수 확보에 도움이 된다. 착과 마디는 초세에 따라 다르지만 촉성재배는 18마디 이상에서 수정시켜야 안정된 과실을 얻을 수 있다. 특히

12월 상순에 아주심기를 하는 재배 방식에서는 일조부족으로 과실의 비대가 나쁘기 때문에 18마디 이내에서 수정시키면 3~4kg 이상의 과일을 수확하기 힘들고 모든 과일이 낮은 마디에 달릴수록 속이 빈 공동과가 되기 쉽다.

〈표 6-1〉 근권온도 조절이 수박의 생육과 수량에 미치는 영향
(전라북도농업기술원 과채류연구소 수박시험장, 2000년)

품종	근권온도 (℃)	덩굴길이 (cm)	활착일수 (일)	엽면적 (㎠/주)	건물률 (%)	과일무게 (kg/개)	당도 (°Bx)	시듦증(%)
명가왕	무처리	161	18	371	10.3	5.9	9.8	37
	15	211	17	406	12.6	6.5	11.1	30
	20	208	15	482	14.3	5.9	11.7	10
	25	209	14	620	12.5	5.1	9.5	0
삼복꿀	무처리	155	21	219	13.8	5.7	9.9	73
	15	202	18	451	14.2	5.7	11.0	60
	20	212	16	497	14.7	6.4	11.7	10
	25	228	15	767	13.8	6.9	11.4	0

※ 재배 시기 2월 하순~5월

반촉성재배

가. 재배 방식의 특성

이 재배 방식은 주로 남부 지방에서 이루어지는 방식으로 노지조숙터널작형에서 출하가 되기 이전에 출하하고, 2번과의 수확이 터널재배 성수출하기와 동시에 출하되는 재배 방식이기 때문에 재배상 어려움은 없다. 다만 홍수출하로 인한 가격하락이 문제가 되므로 많은 면적의 재배일 때는 5~7일 간격의 시차를 두고 출하할 수 있도록 하는 것이 중요하다. 대체로 12월 상순에서 1월 초에 걸쳐 파종하고 2월 중하순에 아주심은 후 5월 중하순에 출하하는 재배 방식이나 남부 지방의 주된 재배 방식이라고 해도 과언은 아니다. 착과가 3월 하순에서 4월 상순에 이루어지므로 이 작형에서 문제가 제일 많이 나타난다.

나. 재배 적지

재배 지역은 경남 의령·창녕·창원, 경북 고령·안동·선산, 충남 부여·논산, 전남 영암 등으로 면적이 상당히 넓게 분포되어 있다. 이 재배는 보온 재료를 초기에 3~4중으로 여러 겹 덮어 저온기 온도관리를 하고 수확기에는 환기를 철저히 하여 온습도를 조절한다.

다. 본밭 준비

반촉성재배 시 수정기에 비 오는 횟수가 잦아 자칫 잘못하면 수정이 되지 않는 경우가 많고 만약 3번과의 수정시기가 흐린 날이나 비 오는 날에 해당되면 문제는 심각해진다.

특히 수박의 뿌리는 30~40cm 부위의 지하에 제일 많이 분포하기 때문에 갈이흙을 깊게 해주는 것이 좋으므로 깊이갈이와 유기물 시용에 중점을 두어야 한다. 남부 지방의 반촉성재배 지대가 사질토양이 많으나 이젠 전 지역에 확대 재배되어 물리성 개선에 노력하여야 하며 이어짓기(연작) 장해나 선충의 피해 등 다양한 장해가 나타나므로 특별한 주의가 필요하다.

라. 아주심기(정식)

작물별 어린 뿌리의 생장온도를 보면 서양호박의 최저온도는 6℃, 수박·참박이 8℃, 신토좌가 12℃이나 생장 최적온도는 25~27℃에서 뿌리의 생장이 양호하다. 따라서 아주심을 때 지온이 높으면 높을수록 뿌리의 생육이 좋으므로 지온 확보에 정성을 기울여야 한다. 아주심기는 맑은 날 오전 중에 끝내도록 하고 심은 후에는 즉시 터널을 밀폐하여 보온에 힘쓴다.

(1) 주의점

반촉성재배로 아주심을 때가 2월 상중순이어서 육묘상과의 거리가 먼 경우에는 옮기는 도중에 냉해를 받아 잎이 마르는 경우가 많으므로 옮길 때도 날씨가 추우면 비닐을 덮어 이동하도록 한다. 지온은 18℃ 이상 되도록 관리한다.

(2) 온도와 꽃눈분화

지온을 17~18℃ 이상으로 유지하고 뿌리내림을 촉진하기 위해 낮의 온도를 수박의 최적온도 이상인 35℃ 전후로 고온관리를 하고 야간의 기온은 최저 11℃ 이상으로 관리한다. 심은 후 낮의 고온관리에 의해 곁가지 발생이 촉진되고, 암꽃이 분화되는 시기라서 곁가지 잎 1매 때 19마디까지의 잎이 분화되고 15마디 가지의 꽃이 시원체가 분화되어 있다. 이 때문에 고온처리가 암꽃 착생 마디를 2~3마디 상승시킬 뿐 암꽃이 빠지거나 씨방이 빈약한 암꽃이 되지는 않는다.

마. 비료 주기

수박의 생육은 아주심은 후 암꽃 꽃필 때(개화기)까지는 잎과 줄기의 비중이 거의 같이 커나가지만 수정 후 열매가 비대해짐과 동시에 전 생육량도 급격히 증가하게 된다. 10a당 양분 흡수량은 가지고르기 때 질소 1kg, 인산 0.2kg, 칼리 1.5kg이며 착과기에는 질소 3kg, 인산 1kg, 칼리 6kg이고 수확 시에는 질소 11kg, 인산 1.5kg, 칼리 17kg, 석회 8kg, 마그네슘(고토) 1kg이다.

밑거름을 사용할 때 퇴비 1,000~2,000kg, 원예용 복합 비료 25~50kg, 마그네슘(고토) 20kg, 석회 120~130kg을 시용하고 아주심기하면 착과기에 웃자라게 되고 여기에 더해서 웃거름으로 질소, 칼리를 시용하는 농가가 있어 착과 불량으로 수박농사를 망치는 사례가 있다. 전체의 질소, 인산, 칼리는 상상 외로 적은 양인데 이렇게 재배한 후 뒷그루(후작)로 심는 반촉성재배의 경우는 비료량을 가감해서 시용토록 한다.

바. 덩굴 가지고르기와 유인

아주심은 후 9~10마디 정도 덩굴이 뻗어 가면 아들 순이 나오기 시작하는데 떡잎 부위에서 발생한 아들덩굴은 생육이 왕성하고 빨리 자라지만 암꽃 착생이 나쁘므로 본잎 마디에서 나온 아들 순을 남겨두고 나머지는 제거하는 것이 좋다.

덩굴유인 방법은 이랑과 직각이 되게 유인하는 방법과 이랑을 따라 유인하는 방법이 있다. 반촉성재배에서는 3월 하순~4월 상순까지 부직포나 거적을 덮어야 하므로 이랑 방향과 직각으로 덩굴을 유인하면 관리하기가 어렵다. 30cm 정도로 배게 심기(밀식)한 재배지에서는 이랑의 방향과 같이 덩굴을 유인한다.

사. 착과기의 온도관리

암꽃이 열매로 달리기 시작하면 이때의 온도관리가 수박농사의 성패를 좌우한다 해도 과언이 아니다. 이때는 최저온도를 15℃ 이상으로 관리하여 수꽃의 개약* 을 촉진시킨다. 암꽃은 충실하게 피어있지만 수꽃 개약이 되지 않아 수정을 시킬 수 없는 경우가 허다한데 주야간 기온의 격차가 심하다든지 최저온도가 15℃ 이하로 떨어졌을 경우 수꽃이 개화해도 꽃가루가 잘 나오지 않는다.

억제재배

가. 재배 방식의 특성

(1) 추석을 전후한 수확 재배방식

고랭지재배 작형과 맞물려 크게 소득을 기대할 수 있는 재배 방식은 아니지만 추석이라는 성수기가 있어 시도하고 있는 농가가 많다. 이 시기는 최고 고온기에 재배되므로 여러 가지 제약조건이 따르고 지나친 조도 등의 문제가 많다. 특히 응애와 진딧물의 피해가 극심하고 고온기 재배이므로 흰가루병도 큰 문제로 다루어야 하며 일부 농가에서는 해가림(차광)재배를 시도하고 있으나 불리한 조건이 많다. 특히 우리나라에서 태풍이 지나가는 시기로 시설안전에도 각별히 신경을 써야 하므로 매우 어렵게 재배하는 방식이다.

(2) 크리스마스 수확 재배방식

8월에 파종하고 9월 초에 아주심기를 하여 11~12월에 출하하는 작형으로, 10월 이전에 과비대를 충분히 시킨 후 보온에 의해 현상유지를 하여 재배하는 재배 방식이다.

나. 육묘

고온기 육묘이므로 육묘기간이 20여 일로 매우 짧아 물 주기, 환기 등에 유의하여야 한다. 웃자란 모종이 되기 쉬워지므로 야간온도를 낮추어 주어야 한다.

TIP *개약(開葯) : 꽃의 약(葯)이 터져 약으로부터 화분이 방출되는 현상

다. 본밭 정리

지나친 고온으로 뿌리의 활력이 좋은 반면 지상부의 고온으로 인한 노화가 빠르기 때문에 깊이갈이로 뿌리의 활력이 더욱 왕성하도록 만들어 주고 심을 골도 높게 만들어 주는 것이 유리하다. 높게 만들었을 때는 건조로 인한 흰가루병이 만연되므로 이 점에 유의하여야 한다.

억제 작형 중 7월 상중순에 파종하여 8월 초에 아주심기를 하고 10월에서 12월에 출하하는 재배 방식이다. 전국적으로 재배가 가능한 방식인데 충청 이북 지방은 8월 10일경이 아주심기에 알맞고 충청 이남 지방은 8월 15일, 남부 지방은 늦어도 9월 5일 이전에 심어야 가능한 작형이다. 이 재배 방식이 끝나면 바로 촉성재배 방식으로 들어가기 때문에 토양관리에 신경을 써야 한다. 이 재배 방식은 육묘가 7월 중순을 기점으로 이루어지므로 추석 무렵 수확하는 재배 방식 관리와 큰 차이는 없으나 이른 봄 재배 후 2기작까지 마치고 태양열 소독을 하고 난 후 하는 것이 유리하다.

라. 아주심기(정식)

고온기에 심기 때문에 시설 내에서의 작업에 어려움이 있다. 아주심기 전 전체 재배지에 물을 준 후 심는 방법과 아주심기 구덩이에 물을 주는 방법이 있는데 전체 재배지 물 주기보다 구덩이 물 주기를 하되 2~4L정도의 물을 준다. 심을 때도 똑바로 심고 아주심기 전 4종 복합비료를 1일 전쯤 잎에 뿌린 후 아주심으면 옮김 몸살이 적다.

마. 가지고르기

고온기에 재배되므로 뿌리의 활력에는 문제가 없어 어미덩굴에서 순지르기하고 아들덩굴을 재배하는 것이 상품성이 고른 수박을 생산할 수 있는 길이다.

바. 관리

이 시기의 재배는 수정에 크게 염려하지 않아도 환기 시 곤충의 방화로 수정이 이루어진다. 이때 세 개의 덩굴 모두 수정이 되면 작은 과일밖에 되지 않으므로 양호한 과일 1개만 남기고 열매솎기를 한다. 초세가 지나치게 강할 때는 기형과 발생이 많아지는데 착과 비대 시에 과일을 제거하여 초세를 안정시킨다.

2. 시설재배 방식에 맞는 품종 및 비가림재배

현재 재배되고 있는 품종은 거의 1대 잡종(F_1)품종으로 해방 후에는 거의 일본품종을 쓰다가 노지재배용부터 점차 국산화시켜 1970년대부터는 국산이 주종을 이루게 되었으며 1990년대 들어와서는 시설 재배용까지 국산 품종이 주도권을 잡게 되었다. 그 후 원형계 위주의 품종이었으나 요즘은 타원형계가 가격 측면에서 차별화되어 타원형계의 재배가 주를 이루고 있다.

품종 선택 요령

수박의 품종을 선택하려면 먼저 병해충 방제 및 과실이나 잎에 발생하는 여러 가지 장해에 대하여 충분히 알고 있어야 하며 품종은 그 특징을 명확히 파악한 후에 선택하여야 한다. 우수한 품종은 대개 익는 시기와 착과성 및 당도, 내병성 등의 조건이 좋아야 하고 소비자의 기호에도 맞아야 한다.

재배 방식에 따른 품종 선택

가. 대형 하우스재배

생육기가 저온기이므로 저온신장성 및 착과성이 좋은 조생종이라야 한다. 촉성 및 반촉성재배용으로 등록된 품종이 많지 않으므로 잘 선택해야 한다.

나. 비가림 하우스재배

당도가 높아 품질이 좋은 대형과로 수량, 내병성, 수송성 등이 좋아야 한다. 더위를 견디는 내서성을 갖춘 뿌리가 강한 품종으로 초세가 너무 강하지 않고 약한 빛 아래에서도 겉껍질이 선명하게 나타나는 품종이라야 좋다.

다. 억제재배

고온기에 파종하여 저온기에 수확하는 재배방식으로 까다로운 방식이다. 내서성과 내한성을 갖춘 뿌리가 강한 품종으로 초세가 너무 강하지 않고 약한 빛 아래에서도 표피가 선명하게 되며 당도가 높은 품종이 좋다.

비가림재배

조기출하 및 강우의 피해를 최소화하려는 재배 방법으로 우리나라에서는 1960년대 중반부터 영호남 지방에 보급되었으나 최근에는 하우스면적이 늘어나면서 차츰 줄어들고 있는 실정이다.
그러나 중북부 지방에서는 점차 늘고 있다. 재배 작형에 따라 터널, 억제작형에서 비가림 시설을 이용하여 여름 장마철의 생리장해 방지와 병해충 발생을 억제하는 재배 방법을 일컫는데 보통 비닐하우스를 이용하며 봄에서 가을에 걸쳐 재배하는 방식을 통칭하여 말하기도 한다. 비가림재배는 강우차단에 의한 직접피해 방지, 토양수분의 인공조절로 품질향상, 병해경감 등에 효과가 크다.

가. 비가림 시설 유형

비가림 시설 유형은 대형, 중형, 소형터널, 1-2W형 비닐하우스 등으로 재배 방식에 따라 다양하게 이용하여 재배되고 있다. 하우스 형태의 경우 겉덮개 형태에 하우스골조의 간격이 넓고 측면은 보온이나 환기가 용이하도록 하는 간이식이 많다.

나. 품종의 선택

내서성을 갖춘 뿌리가 강한 품종, 웃자라지 않는 품종, 약한 빛 아래서도 표피가 선명하고 당도가 높은 품종을 선택한다.

다. 육묘

급성시듦증 및 덩굴쪼김병 예방 등을 위한 박, 신토좌 등의 대목을 이용하여 꽂이접, 맞접, 핀접, 단근삽접의 방법으로 접목한다. 아주심기 1주일 전에는 불량 모종을 골라내면서 자리 넓히기를 실시하여 모종을 튼튼히 관리한다.

라. 아주심기(정식)

아주심기 전 10a당 퇴비 2,000kg을 살포하고 목화진딧물 등의 피해를 줄이기 위해 파구(파종하는 골)처리로 사용방법이 등록된 약제를 농약 안전사용기준에 따라 처리한다. 비료는 시설재배 기준 밑거름으로 질소 5kg, 인산 4.9kg, 칼리 4.4kg, 석회는 100~120kg 시용 후 경운 땅고르기(정지) 한다. 재식거리는 두 줄기의 경우 40~45cm, 3줄기 재배는 50~55cm로 하며 순지르기는 늙은 모종의 경우에 실시하고 정상 모종을 심을 경우 생략한다. 이랑 폭은 3m 정도가 적당하나 하우스 폭에 따라 약간 좁게 하여 두 이랑을 만드는 것이 일반적이다. 이랑은 가급적 높게 하되 중앙부를 높게 만들면서 경사지게 하여 이랑 위로 물이 고이지 않도록 하여야 한다. 배수로는 중앙부는 높게, 양쪽 가장자리 부분은 낮게 하여 골에 물이 고이지 않도록 하여야 한다. 이른 봄 재배 시에는 지온 상승을 위해서 투명 PE필름으로 토양을 덮고 5월 아주심기 이후에는 지나친 지온 상승 및 잡초 발생억제를 위해 짚을 깔아준다.

마. 아주심은 후 관리

뿌리활착 및 곁가지 발생 촉진을 위해 온도를 다소 높게 유지하며 하우스 안의 온도가 40℃ 이상으로 올라가지 않도록 환기에 유의한다. 아들덩굴의 각 잎에서 나오는 손자덩굴은 가급적 일찍 제거하여 착과를 돕는다.

바. 착과 및 착과 후 관리

여름철 고온으로 인한 비가림 시설 내 화분매개 곤충들의 활동이 둔화될 염려가 있으므로 환기에 유의하되, 착과율 향상 및 변형과 방지를 위하여 일일이 인공수분을 해주는 것이 안전하다. 착과가 80% 정도 끝난 상태에서 초기 비대를 위하여 웃거름과 물을 준다. 착과 후 과실이 계란 정도가 되었을 때 열매솎기를 하고 그 후 초세를 보아가며 3~4회 웃거름을 겸해 물 주기를 한다.

웃거름을 줄 때 질소나 칼리질 비료를 한 번에 많은 양을 주게 되면 상대적으로 칼슘, 마그네슘(고토) 등의 흡수가 억제되므로 소량씩 자주 웃거름을 주는 것이 좋다. 고랑에 물을 대거나 분수 또는 스프링클러로 잎에 물을 뿌려주는 것은 공중습도가 높아지고 수박뿌리에 균일한 수분공급이 어려우므로 가능하면 점적*을 이용, 토양을 덮은 아래에 물 주기하는 것이 좋다.

TIP *점적 : 직경이 5~20mm 되는 호스에 1mm 이하의 구멍을 뚫어 호스에서 물이 한 방울씩 나오도록 하는 것, 방울 물 주기라고도 한다.

3. 시설의 환경 관리

온도관리

가. 온도의 특성

시설의 목적은 실내에 들어온 복사열을 유지하기 위한 것인데 틈새가 있어서 밀폐상태를 완전히 유지할 수는 없다. 또 낮에는 일사열로 실내온도가 너무 높아지므로 천장을 열거나 옆쪽을 걷어 올려 실온을 조절하지 않으면 안 된다.

이와 반대로 밤이 되어 너무 저온이 되면 온도를 높여 일정한 온도로 보온하는 등으로 항상 온도관리를 하여 식물이 자라기 알맞은 온도(생육적온)를 유지하도록 관리하지 않으면 안 된다. 이 때문에 실내온도의 기본적인 특징을 바르게 이해할 필요가 있다. 주요 열매채소의 생육적온과 한계온도를 낮 기온, 밤 기온, 지온을 구분하여 조사한 것을 보면 표와 같다.

〈표 6-2〉 박과 채소 생육적온과 한계온도

(단위 : ℃)

구분	낮 기온		밤 기온		지온		
	최고한계	적온	적온	최저한계	최고한계	적온	최저한계
오이	35	23~28	10~15	8	25	18~20	13
수박	35	23~28	13~18	10	25	18~20	13
멜론	35	25~30	18~23	15	25	18~20	13
참외형 멜론	35	20~25	10~15	8	25	15~18	13

나. 하우스 내의 온도분포

하우스 내의 온도는 수평면과 수직면 어느 쪽도 고르지 않다. 이는 공기의 대류에 의해 이동하기 때문이다.

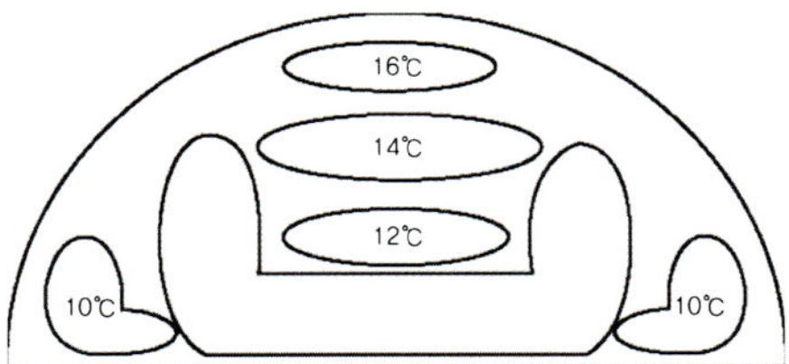

〈그림 6-3〉 시설 내 온도분포

하우스 내의 식물이 자라는 것을 보아도 실내의 온도분포를 알 수 있는데 온도가 높은 곳에서는 잘 자라지만 낮은 곳에서는 자라지 않기 때문이다. 찬바람을 받는 북쪽이 햇볕을 잘 받는 남쪽보다 야간온도가 높아지는 것은 대류 때문이다. 이와 같이 대류에 의한 온도분포가 생기는 원인은 다음 3가지이다.

① 상면에 닿는 햇빛이 균일하지 않으므로 바닥의 방사열도 고르지 않다.
② 경사진 지붕이 냉각되어 방열이 일어나므로 횡단면의 대류는 지붕면을 따라 찬 공기는 아래로 흘러가고 따뜻한 공기가 위로 올라간다.
③ 바깥바람에 의해 종단면의 대류는 바람의 반대 방향으로 따뜻한 공기가 올라간다.

천장에서 나가는 공기의 양과 틈새에서 들어오는 공기의 양이 같을 때 대류가 일어나지 않고 따뜻한 안의 공기가 점점 밖으로 빠져나가고 빠져나가는 공기가 들어오는 공기보다 적으면 실내에는 대류가 일어난다. 이와 같이 열이 허비되지 않도록 틈새가 많은 하우스에서는 틈새를 없애는 것과 안에서 이중 덮개를 하여 바깥 공기가 들어오는 것을 막는 대책이 필요하다.

다. 보온(保溫)

(1) 피복재(被覆材)의 특징

하우스용의 덮기(피복) 재료로는 광선투과, 보온력, 내구력 등이 요구되지만 이 중에서 가장 중요한 것은 광선투과이다. 자외선의 투과는 유리보다 염화비닐(PVC), 폴리에틸렌(PE), 초산비닐(EVA)의 순으로 더 높다. 화훼류의 꽃색이나 가지의 색깔은 자외선의 영향을 받기 때문에 유리보다도 비닐이나 폴리에틸렌(PE)의 착색이 좋다. 비닐은 1년 후에는 광투과율이 50%로 떨어지는데 두꺼운 것을 오래 쓰면 광선 부족에 의한 생육억제가 심해지므로 사용기간에 견딜 만한 정도의 얇은 것을 쓰다가 흐려지면 바꾸는 것이 경제적이다.
한편 무가온 시(온도를 높여주지 않았을 때)의 보온력은 유리, 비닐, 폴리에틸렌(PE) 등의 순으로 높다. 그러나 하우스 내의 이중 피복에는 대부분 폴리에틸렌이 쓰인다. 보온상으로는 비닐이 좋지만 이중 덮기일 경우에는 그 차이가 작아진다. 이것은 난방이나 이중 덮기 시에는 전달이나 전도에 의해 도망가는 열의 비율이 높아지기 때문에 폴리에틸렌과 비닐은 큰 차가 없다. 또 두께도 보온에는 큰 차가 없으므로 값이 싼 폴리에틸렌을 많이 쓰게 된다.

〈표 6-3〉 피복자재의 사용기간에 의한 광투과율(유성철, 1976년)

(단위 : %)

재배 조건	비닐의 두께(mm)		
	0.15	0.13	0.10
4개월	69	69	68
9개월	57	58	59
9개월 양면청소	81	80	82
12개월	50	54	57
12개월 양면청소	78	78	79

(2) 이중 피복(二重被覆)

하우스 이중 고정 피복이란 외부에 2매의 피복자재를 일정한 간격을 두고 고정하여 덮는(피복) 경우를 말한다. 같은 이중 피복인 1층 커튼과 비교하면 기밀성이 뛰어나 보온효과가 높고 개폐장치나 노력이 들지 않아 좋으나 광선투과량이 감소하여 일사량이 부족한 지역에서는 빛을 좋아하는(호광성) 작물의 재배가 불가능하다. 고정 피복의 경우 그 간격은 보온 효과 면에서 보면 10~20cm가 양호하지만 간격이 넓어지면 투광량이 감소하므로 10cm 정도가 실용적이다.

이중 피복에는 폴리에틸렌(PE)이나 비닐을 쓰는 경우와 보온덮개 등의 각종 보온 매트류와 같은 단열재를 쓰는 경우가 있다. 하우스 내의 피복은 작업이 쉽고 부피가 크지 않은 필름류가 많이 사용되고 터널이나 온실과 같이 외부에 대한 피복은 바람 때문에 통기성이 있는 보온 덮개를 많이 쓰고 있다.

그러나 현실적으로 보온 덮개는 덮기가 어렵고 비 오는 날에는 씌울 수가 없으므로 내부에 이중 피복하는 것이 일반적이다. 필름류의 이중 피복의 재료 자체는 보온 덮개만큼의 단열이나 보온 효과는 없으나 난방 시 보온 덮개에 버금가는 보온 효과를 나타낸다.

〈표 6-4〉 이중 고정 피복 하우스의 피복자재 간격에 따른 보온력

피복 자재 간격(cm)	기온(℃)	지온(℃)
5	4.6	8.9
10	5.4	9.7
20	5.9	5.7

〈표 6-5〉 무가온 하우스의 온도와 수박의 생육(전라북도농업기술원 과채류연구소 수박시험장, 2000년)

필름종류	터널 내(℃)		최고지온	덩굴길이(cm)	저온피해(1~9)
	최저기온	최저지온			
유공 PE 터널 + 부직포	2.8	10.5	17.0	69.3	3
PE 소형 + PE 중형터널 + 부직포	5.6	12.0	18.5	82.9	1
축열 물주머니 + PE 중형 + 부직포	7.5	11.5	19.5	82.9	1
지중단열 + 유공 PE 소형 + PE 중형터널+ 부직포	7.0	12.0	19.5	83.4	1

※ 바깥 온도 -8℃, 하우스 내 최저기온 -6.5℃, 최저지온 8.5℃, 바깥 지온(지중 10cm) -2℃

한편 보온 덮개를 대신하는 보온재로 각종 매트류를 사용하는데 두께가 3~5mm 라서 보온 덮개에 비해 보온력은 떨어지나 생육이 촉진되는 결과가 있다. 이는 이들 자재가 빛을 통과하기 때문에 보온력이 떨어지더라도 햇빛을 받는 시간이 연장되기 때문으로 생각된다.

(3) 보온다층 커튼

커튼의 보온성과 커튼 수보온을 목적으로 이제까지 주로 섬피와 보온매트를 덮어 왔으나 이것들은 작업노력이 많이 들고 비에 젖으면 보온력이 떨어지며 무게 때문에 시설에 대한 하중을 증대시키는 결점이 있다. 반면 커튼은 낮에 개방하여 작물에 필요한 투광량을 높이고 밤에 밀폐하여 보온력을 높이기 때문에 피복 노력이 대폭 절감될 수 있는 특징이 있다. 가온재배와 무가온재배의 어느 경우에도 필수적인 보온시설이다. 커튼의 보온효과는 열 절감률로 나타낼 수 있는데 1층 커튼의 경우 열 절감률은 폴리에틸렌(PE)이 30%, 염화비닐(PVC)이 35%, 반사필름이 45~50%이다. PE+PE이 45%, PE+반사필름이 65%의 열 절감효과가 있다. 반사성 필름을 이용할 경우 2층 커튼까지는 열 관류율이 급격히 감소하나 그 이상이 되면 PVC와 같은 연질필름만 피복하는 경우에는 3층 커튼까지도 보온성이 계속 증가한다. 그러나 보온성과 경제성을 감안한다면 반사필름을 이용한 2층 커튼 정도가 적당하다고 볼 수 있다.

지중가온(地中加溫)

가. 전열에 의한 가온

전열 지중가온은 육묘상 등에서 널리 쓰이고 있으나 재배지에서는 난방비가 많이 소요되기 때문에 보급이 덜 되고 있다. 그러나 설치비가 적고 취급 관리가 간단하며 온도 조절이 쉬우므로 설치 후 응급 시 사용도 고려해 볼 만하다.

나. 지중온탕가온(地中溫湯加溫)

전열에 비해 1줄당 전열표면적이 커지므로 지온 상승효과는 크다. 출입구의 온탕차는 3℃ 전후로 하는 것이 좋은데 온탕을 35~40℃ 정도로 하여야 한다. 온탕의 순환방향은 밸브의 조작에 의해 며칠씩 반대 방향으로 할 수 있도록 배관하는 것이 좋다. 공기 속보다 방열이 크므로 온탕의 순환거리가 길어지면 땅속으로의 입구, 출구의 온도 차가 커지기 쉽다. 이런 차이는 온탕이 뜨거울수록, 순환거리가 길수록, 순환속도가 늦을수록 크고 온도 차가 클수록 부분적인 생육차가 생긴다.

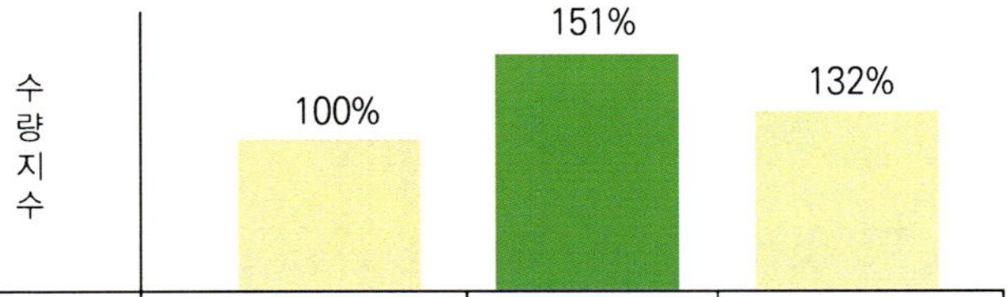

착과일자 (월. 일)	3.16	3.6	3.4
처리방법	관행 (지상 15℃)	최저지온 (지온 18℃)	최저지온 (지온 23℃)

〈그림 6-4〉 온수보일러 지중가온 효과
(국립원예특작과학원 시설원예연구소, 1995년)

모판흙의 평균온도는 온탕보다 파이프의 방열면적에 크게 관계되므로 지온을 높이기 위해서는 온탕을 올리는 것보다 파이프의 줄 수를 많게 하거나 굵게 하는 것이 좋다.

- 달고나 품종 1월 20일 아주심기, 15mm XL 온수 파이프를 지하 5cm에 매설하고 40~50℃ 온수를 3월 중순까지 순환
- 지온 18℃ 최저지온 유지결과 50% 증수

지온관리

가. 적온한계

채소의 생육에 미치는 온도환경은 지상부도 중요하나 지하부의 온도, 즉 지온도 대단히 중요하다. 지온의 최저한계는 동해(凍害)와 연결되는 것이 아니라 최소한 뿌리털이 발생하는 온도 이상으로 유지되어야 하며 생육을 촉진시키기 위해서는 양수분 흡수에 최적상태로 유지됨이 이상적이다.

실제 재배에서는 최적온도 유지가 어려우므로 가능하면 높게 유지하도록 한다. 지온이 내려감에 따라 생장량이 감소하는데 〈표 6-6〉과 같이 수박의 경우 건물생산량이 달라진다.

〈표 6-6〉 지하부 온도가 수박의 생육에 미치는 영향
(전라북도농업기술원 과채류연구소 수박시험장, 2000년)

구분	근권온도 (℃)	만장 (cm)	엽면적 (㎠/주)	지상부(g)		지하부(g)		건물률(%)	당도 (°Bx)	과중 (kg)
				생체중	건물중	생체중	건물중			
명가왕	무처리	53.1	371	33.7	3.4	5.3	0.60	10.3	9.8	5.9
	15	56.7	406	41.7	5.1	5.1	1.78	12.6	11.1	6.5
	20	66.5	482	46.2	6.6	4.9	0.68	14.3	11.7	5.9
	25	72.5	620	62.9	7.7	3.3	0.60	12.5	9.5	5.1
삼복꿀	무처리	43.7	219	21.8	3.1	4.6	0.58	13.8	9.9	5.7
	15	58.4	451	40.8	3.8	4.9	0.71	14.2	11.0	5.7
	20	78.8	497	48.5	7.1	5.1	0.80	14.7	11.7	6.4
	25	82.0	767	72.5	9.9	5.6	0.90	13.8	11.4	6.9

※ 조사 : 아주심은 후 30 일

〈표 6-7〉 과채류재배에서 적당한 지온과 한계지온

구분	지온		
	최고한계	적온	최저한계
토마토	25	15~18	13
오이	25	18~20	13
수박	25	18~20	13
온실멜론	25	18~20	13
참외	25	15~18	13
호박	25	15~18	13
피망	25	18~20	13
딸기	25	15~18	13

나. 단열재(斷熱材) 사용

겨울철 혹한기의 하우스 내 지온은 외부지온의 영향을 받아 작물생육에 지장을 초래할 정도로 내려간다. 또 12월 초 하우스 내부의 온도분포를 보면, 섬피터널에서는 높은 지온을 나타내고 있으나 하우스 측면으로 갈수록 지온은 낮아진다. 따라서 단열층으로 외부와 차단하면 지온이 낮아지는 것도 막을 수 있어 높은 지온을 유지할 수 있다.

단열층 설치는 하우스 측면과 지하층 단열로 구분되는데 이 두 가지 방법을 모두 사용하면 이상적인 온도관리가 가능하지만 지하단열층 설치는 경제성이 적으므로 손쉽게 할 수 있는 것이 측면단열이다. 설치방법은 스티로폼이나 짚 등을 지하 50cm 정도 깊이로 하우스 주위에 묻는데 이 방법은 외부지온을 차단할 수 있어서 효과가 있다.

짚이나 왕겨를 이용하면 1년밖에 사용할 수 없고 반영구적으로 쓰기 위해서는 10~30mm 두께의 스티로폼을 사용하면 된다. 낮 동안의 하우스 바닥은 햇빛을 받아 지온이 상승하는데 이때 토양수분이 많으면 지온의 상승은 그만큼 늦어질 뿐만 아니라 바닥 표면에서는 기화현상에 의한 기화감열로 상당한 열을 빼앗기기 때문에 수분증발을 억제하기 위하여 투명비닐로 토양을 덮으면 지온 상승효과를 크게 얻을 수 있고 시설 내 습도도 낮출 수 있어서 효과적이다.

남부 지방의 촉성재배는 1월 중하순경에 아주심기를 하므로 이 시기에 심는 재배지 대부분이 단열재를 넣는 경우도 있는데 시설 330㎡(1동)에 짚 20~50다발 정도를 넣는 것이 통례로 되어 있다. 단열재를 넣고 난 뒤 이 부분에 아주심으면 단열재 위에 흙이 덮여 있어도 건조의 해를 받게 된다. 그러므로 단열재 안쪽 고랑 쪽에 단열재와 10cm 정도 떨어지도록 심어야 하며 단열재를 넣은 구덩이 깊이가 이랑보다 높아야 한다. 그래야 외부에서 스며들어오는 물을 방지하게 되며 단열재 골이 이랑보다 낮을 경우 습기가 많아져 저온피해를 입게 된다.

(단위 : ℃)

단열재는 땅속의 찬 기운을 막고 시설 내 보온에 의해 작토층이 열을 충분히 보존하는 원리이다. 단열재 처리는 지중 또는 측면(하우스)에 하는 경우 여름철 이용은 바람직하지 않다. 볏짚 단열의 경우 충분히 수분을 유지하여 건조하지 않도록 한다.

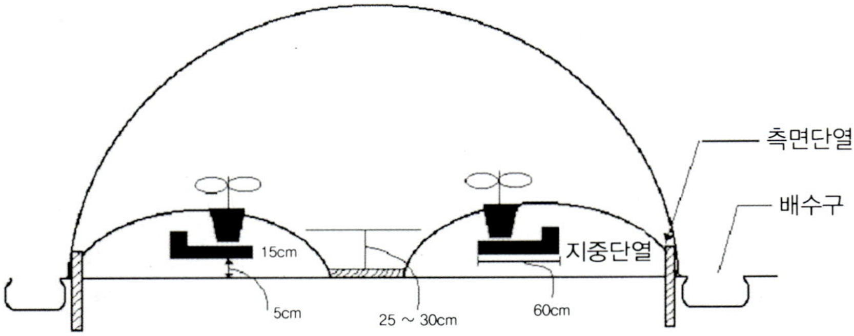

● 지중 단열재료 : 볏짚, 단열 폭 60cm, 두께 10~15cm
● 측면 단열재료 : 볏짚, 스티로폼(깊이 30cm 이상, 두께 20~50mm)

〈그림 6-5〉 하우스 내에서 단열처리 방법

〈표 6-8〉 단열방법과 전열에 따른 지온 유지 효과
(전라북도농업기술원 과채류연구소 수박시험장, 2000년)

단열, 전열	터널 내 지온(℃)		덩굴길이(cm)	저온피해(0~9)	착과 마디 (절)	당도 (Bx)	과중 (kg)
	14시	06시					
지중단열	17.0	11.5	67.5	1	23.4	11.2	7.07
측면단열	18.5	11.0	67.0	1	23.0	11.2	6.92
지중단열+측면단열	19.5	12.0	74.6	0	23.8	11.4	7.24
측면단열+전열(12℃)	19.5	12.5	68.1	0	22.6	11.5	7.26
무단열	16.5	10.5	65.8	3	25.7	10.5	6.26

※ 하우스 바깥 기온 -8℃, 최저지온 -1.5℃, 터널 내 4℃

시간을 두고 관찰한 단열 및 전열효과는 〈표 6-8〉과 같이 나타났다. 측면단열은 스티로폼을 40cm 폭으로 절단하여 하우스 내 측면에 30cm 깊이로 묻어 단열처리한 것이고 전열은 12℃로 고정하여 생육을 조사한 결과 2월 28일에서 2월 29일 바깥 기온이 -8℃일 때 터널 내는 4℃였다. 이때 단열 및 전열 시 오후 2시에 측정한 지온은 무처리 16.5℃이나 단열처리의 경우 0.5~3.0℃가 높게 유지되고 최저지온은 무처리 10.5℃였다. 지중단열은 1.5℃, 측면단열은 0.5℃, 지중단열+측면단열은 1.5℃, 전열첨가는 2.0℃가 높았다.

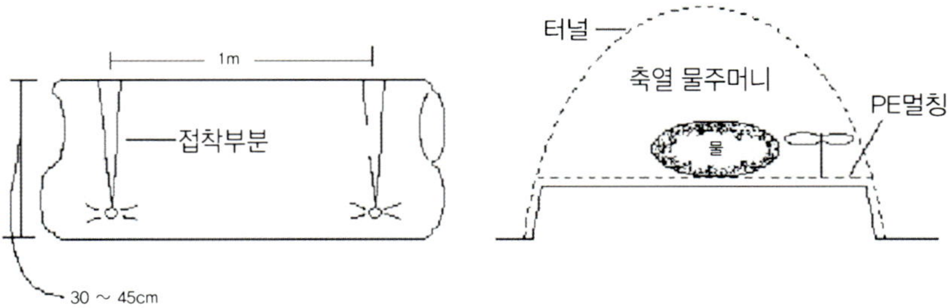

〈그림 6-6〉 축열 물주머니의 규격과 설치위치(국립원예특작과학원, 1981년)

다. 축열 물주머니 이용

낮 동안에 태양열을 가능한 한 많이 물에 축적시켰다가 밤에 방열시켜 이용하는 방법으로 PE튜브에 물을 넣어 축열매체로 이용하는 것을 축열 물주머니라고 한다. 하우스 내 터널 속에 축열 물주머니를 설치하였을 때 터널 내 기온 및 지온의 상승효과는 각각 2.4℃, 3.4℃를 나타냈다. 이와 같이 축열 물주머니를 이용한 축열은 관행에 비해 태양에너지 이용효율이 2배 정도 증가된다고 하였다. 축열 물주머니는 규격이 너비 30~45cm, 두께 0.08~0.1mm인 PE튜브를 사용하면 되고 설치방법은 터널 내 폴리에틸렌(PE)을 덮은 위에다 물주머니를 작물 사이에 설치한다.

〈표 6-9〉 축열 물주머니와 다중피복과의 온도 및 생육 비교
(전라북도농업기술원 과채류연구소 수박시험장, 2000년)

구분	터널 내(℃)		덩굴길이(cm)	당도(°Bx)	과중(kg/개)	시듦증(%)
	최저기온	최저지온				
PE 멀칭+PE 소형터널+ PE 중형터널+ 부직포	5.6	12.0	82.9	11.6	8.21	5
축열 물주머니+PE 중형터널+ 부직포	7.5	11.5	82.9	11.7	8.17	0

※ 축열 물주머니 설치 시 터널 내 최저기온은 1.9℃가 높고, 지온은 0.5℃가 낮으나 다중피복과의 생육차이는 뒤지지 않음

시설재배에서 축열 물주머니의 이용이 가능한 작물은 토마토, 오이, 고추, 딸기, 호박, 참외, 수박, 배추, 무 등으로 축열 물주머니를 설치할 수 있는 공간만 있으면 된다. 실제 농가사용의 경우 직경 20~30cm의 비닐튜브(PE닥트)에 물을 담

고 작물의 줄 사이에 놓아 낮 동안 햇빛에 의해 축열된 열이 밤 동안 방사되어 터널 내 온도를 유지하고 있는데 설치 시 기온이 6℃일 때 2~3℃ 상승효과가 있고 지온 8℃일 때는 11~12℃로 3~4℃ 상승효과가 있다.

축열 물주머니는 아주심은 후 초기 뿌리내림과 관계가 있는데 지역에 따라 하루 중 일사량과 일조시수에 따라 그 효과는 달라진다. 1~2월에 일조시수를 보면 동남부 지역(함안)은 8.5시간, 서해안 지역은 4.5~6.5시간으로 차이가 있었지만 조사 지역인 고창의 경우 축열 물주머니의 온도 상승효과는 크지 않았다. 또한 생육이 어느 정도 진전된 후에는 제거해야 되는데 농가들의 경우 효과가 있는 것은 인정하나 피하려는 경향이 있다.

광환경의 조절

가. 빛의 중요성

모든 작물은 태양이 비추는 동안 숨구멍(기공)을 통하여 들어온 대기 중의 탄산가스와 뿌리에서 흡수한 물로 잎에서 탄수화물을 생성하고 동시에 산소를 방출한다. 광합성과 호흡은 서로 역의 관계가 있으며 호흡은 탄수화물을 기질로 에너지를 생성하는 생리작용에 의하여 작물체는 생장과 유지가 이루어지고 있고 광합성은 식물생장의 출발점이 되는 가장 중요한 생리작용이다.

광합성은 빛의 강도(광강도)에 의하여 가장 크게 영향을 받으며, 열매채소(과채류)의 광보상점*은 1,000~2,000Lux이고 약한 빛을 좋아하는 채소류는 200~1,000Lux이다. 수박은 광포화점*이 높아 8만 Lux이고 광보상점은 4,000Lux이다. 시설재배는 피복자재를 투과한 태양광선에 의해 이루어진다. 투과 정도에 따라 광량과 광질이 변화되어 노지와는 다른 광환경을 만들게 된다. 시설 내 광환경은 광의 강도, 직사광과 산란광의 비율, 일장(24시간 동안의 명암 비율) 등을 들 수 있으며 이들이 상호 관련하여 수박의 생장과 발육에 영향을 준다.

TIP

*광보상점 : 식물에 의한 이산화탄소의 흡수량과 방출량이 같아져서 식물체가 외부 공기 중에서 실질적으로 흡수하는 이산화탄소의 양이 0이 되는 빛의 강도

*광포화점 : 식물의 호흡작용에서 더 강하게 빛을 비추어도 광합성량이 증가하지 않을 때의 빛의 세기

나. 광환경과 생육장해

시설재배에서 발생하는 생육장해의 원인은 ①시설의 보온구조에 의한 것 ②농업자재에 의한 것 ③시설 내 거름 주어 가꾸기(비배관리)에 의한 것 ④광합성의 생산 분배에 의한 것 ⑤체내 호르몬의 생산, 분배에 의한 것 ⑥접목기술에 의한 것 등을 들 수 있다. 빛이 강하면 광합성이 왕성하여 광합성량도 많고 각 부위에 충분히 배분되어 굵직하고 튼튼하게 생육한다.
끝눈에서 형성된 꽃눈도 소질이 좋고 수도 많다. 마디 사이나 잎자루는 짧고 엽면적이나 뿌리의 양이 많아진다. 광도가 저하되면 광합성의 저하로 체내에서 CN율*이 맞지 않고 칼슘(Ca)의 흡수를 저해하여 생육장해를 유발한다. 특히 꽃눈 불량과 웃자람의 생육을 보이며 낙뢰, 낙화, 기형과를 보인다. 또한 열매가 달렸다 하더라도 과실에 양분의 분배가 불안정하고 뿌리가 약해지면 순지르기재배에서는 착과주기의 변동이 심해진다. 특히 재배 토양의 깊이가 얕고 퇴비 등 유기물이 적을 경우 뿌리가 현저히 약해 회복하기 어렵다.

다. 시설 내 광환경 개선

시설을 이용한 재배에 있어서 자연광을 전량 이용할 수 있는 경우는 드물다. 따라서 시설 내 빛의 강도를 높일 수 있도록 조치가 되어야 하는데 ①광선이 하우스와 덮개를 일차적으로 투과하여야 하므로 투광도(透光度)가 높아야 한다. ②골조자재에서 차단되지 말아야 한다. ③커튼과 보온피복에서 투과방해를 받지 않도록 한다. ④하우스 내에 다시 터널을 설치하여 보온피복하는 경우 ⑤커튼, 보온피복 등이 투과 광량을 더욱 감소시키는 경우 실제적으로 영농현장에서 많이 나타나고 있다.
특히 겨울철 재배는 맑은 날이라 하더라도 여러 가지 시설자재로 인해 광투과율이 급격히 감소되어 실제 야외조도 100%에 비해 하우스 내에는 50~60%, 터널 내 30~50% 정도로 낮아진다.

TIP *CN율(CN ratio) : 식물체 내의 탄수화물과 질소화합물의 비율

환기

가. 환기의 중요성

환기란 재배 시설 내의 공기를 교환하는 것을 말한다. 온실이나 비닐하우스와 같은 재배 시설은 빛을 잘 투과하는 자재로 덮여져 있는 관계로 겨울에도 강한 빛이 투과될 때에는 시설 내 30℃ 이상의 높은 온도를 유지한다. 이때 밖의 찬 공기를 실내로 받아들여 고온이 되는 것을 억제할 수 있는데 이것이 환기의 근본 목적이다. 환기를 하는 것은 단지 실내온도의 변화를 일으키는 것뿐만 아니라 동시에 습도나 대기 중의 가스농도와 공기 흐름에 변화를 줄 수 있다.

즉 환기는 시설 내 열, 수증기, 탄산가스, 유해가스, 풍속을 동시에 제어할 수 있는 기능을 지니고 있다. 겨울 동안 밀폐된 시설 내에서 작물을 재배하면 습도가 높아져서 병이 발생하기 쉽고 또한 실내 탄산가스(CO_2) 농도가 200ppm 이하로 내려가는 경우가 많아 광합성량의 저하로 생육이 불량해지며 암모니아가스와 같은 유해가스 농도가 높아져서 작물에 피해가 나타날 수 있다.

한편 2월 중순부터는 일사량이 많아지면서 실내온도의 상승으로 고온장해의 우려가 있다. 이와 같이 많은 문제점을 극복하기 위하여 시설 내 환기의 중요성이 강조되고 있다.

나. 환기에 의한 하우스 내 환경조절

(1) 고온억제

12월부터 2월까지는 일사량이 적고 기온도 낮으므로 환기의 필요성이 적으나 3월부터는 일사량의 증가와 함께 외부기온도 높아져서 하우스 내 온도는 작물생육에 부적합할 정도로 상승한다. 이에 따라 작물의 수정장해와 같은 각종 고온장해가 유발될 수 있으므로 온도가 상승하면 즉시 환기를 해야 한다.

(2) 습도조절

하우스 내 습도는 환기를 시키지 않을 경우 80~90%로 높아지는 반면에 환기를 시키면 50~70% 정도로 낮아진다. 특히 야간에는 완전히 밀폐되는 관계로 높은 상대습도를 나타내고 있어 시설재배 하우스의 큰 문제점으로 대두되고 있다.

하우스가 밀폐되면서 습도가 높아져서 덩굴마름병, 회색곰팡이병, 균핵병 등과 같은 병해가 발생하기 쉽지만 환기를 시키면 이들 병해의 발생이 줄어든다.

(3) 하우스 내 공기유동

하우스를 밀폐하면 하우스 내 풍속(기류)은 극히 낮아지지만 환기에 의해 어느 정도 높일 수 있어 광물의 광합성량 증대에 기여한다고 할 수 있다. 일반적으로 적온, 적습, 장일(일조시간이 하루 12시간 이상)의 조건에서 광합성 속도와 증발산 속도는 풍속 0.5~1.0m/s의 범위 내에서 풍속에 비례하여 증가하지만 그 이상의 풍속이 될 때 광합성 속도는 오히려 낮아진다. 또 광합성량은 대기습도가 높을 때 감소하지 않지만 낮은 습도와 온도에서는 감소하기 시작한다.

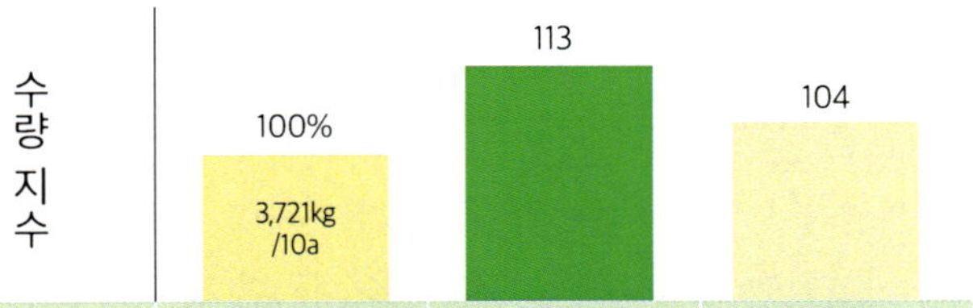

환기 방법	두루말이식(권취식) 측면환기	천장기(연동식)	팬 환기(30℃)
평균 과중(g)	6,790	6,810	6,460
당도(°Bx)	10.4	10.7	10.4
과피 두께(mm)	14.0	10.3	12.7

※품종 : 달고나, 아주심기 : 3월 21일, 수확 : 6월 하순
천장 환기는 직경 40cm, 길이 60cm 연동형 플라스틱 창을 10m간격ㄱ으로 설치하고,
팬 자동 환기는 250㎥/분 정도의 팬을 설치하고 환기 개시점을 30℃로 설정

〈그림 6-7〉 하우스 조숙재배 시 연통형 천장 환기효과(국립원예특작과학원 시설원예연구소, 1995년)

토양관리

가. 시설재배지 토양의 특성

시설재배지 토양은 노지 토양에 비하여 염류 농도가 높으며 특정 성분의 양분이 결핍되기 쉽고, 토양의 pH가 낮은 것이 특징이다. 지온의 경우는 노지에 비하여 높은 편이지만 적정지온에 미치지 못하는 것이 일반적이다. 토양의 공극률(흙의 입자와 입자 사이에 있는 빈틈이 차지하는 비율)이 낮아 통기성도 불량한 편이며, 이어짓기(연작) 장해도 예상된다.

시설재배지에서 작물 생육기간 중에 토양양분 함량을 조사해보면 많은 비료성분이 잔존하고 있어 비료를 추가로 줄 필요가 없는데도 농민들은 웃거름으로 비료를 더 시용하는 것이 현실이다.

파종 후 1개월 정도에서는 작물이 어려서 밑거름으로 시용한 비료도 극히 일부분만 흡수해 이용하며 웃거름으로 준 비료를 작물이 이용할 시기가 되면 작물이 어느 정도 자랐기 때문에 농도장해를 유발한다. 비료를 많이 시용하고 있는 시설재배지 토양에는 인산, 칼리, 염류 농도 등이 적정치를 초과하고 있으며 재배 연수가 증가함에 따라 토양 중 양분함량도 현저하게 증가하고 있는데 이는 토양 중 양분함량을 고려한 시비를 하지 않고 작기마다 비료를 시용하고 있기 때문이다. 시설재배지는 3년 정도만 연속 경작하여도 토양은 이미 작물의 생육에는 적합하지 않은 토양으로 변하고 있다.

시설원예지 토양을 보다 더 상세히 검토하기 위하여 채소재배지의 토양 양분 적정 범위치와 시설원예 농가의 토양 화학성을 비교한 결과 토양 중 양분함량이 적정범위를 크게 상회하여 과다하게 축적되어 있는데 축적된 성분은 유효인산 〉 치환성 석회 〉 치환성 칼리 〉 질산태 질소의 순이다. 한편 시설원예지 염류 농도 증가에 대한 토양의 각종 화학성분들의 기여도를 조사한 결과 염소 〉 질산 〉 황산근 〉 칼리 〉 마그네슘(고토) 〉 석회 순으로 나타났다.

시설원예지의 염류 농도를 감소시키기 위해서는 기여도가 큰 성분의 우선 제거가 중요하고 염류 농도의 증가를 억제하기 위해서는 기여도가 낮은 성분을 함유하는 비종을 선택하여야 한다.

〈표 6-10〉 재배 연수에 따른 토양의 이화학성 특성(농촌진흥청, 1995년)

재배연수	pH(1:5)	유기물(%)	인산(ppm)	치환성염기(me/100g)	칼슘/마그네슘	칼리	전기전도(ds/m)
1~3	5.5	2.04	545	4.7	1.9	1.20	0.29
4~6	5.4	1.77	555	5.0	2.0	1.16	0.38
7년 이상	5.3	1.57	567	4.2	1.8	1.35	0.26
평균	5.4	1.79	556	4.6	1.9	1.24	0.64
적정범위	5.6~7.5	2.0~5.0	100~400	5.0~7.0	1.5~3.0	0.3~0.7	1.00 이하

〈표 6-11〉 재배 연수에 따른 토양의 이화학성 특성(농촌진흥청, 1995년)

성분	단위	과다	적정	부족
산도	1 : 5	26	34	40
전기 전도도	mS/ cm	49	51	-
유기물	%	46	34	20
유효인산	ppm	80	8	12
질산태 질소	ppm	50	17	33
치환성 칼리	me/100g	58	20	22
치환성 칼슘	me/100g	60	28	13
치환성 마그네슘	me/100g	40	22	38
칼슘/마그네슘	-	21	46	33
마그네슘/ 칼리	-	17	35	49

물 주기

가. 생육 초기의 물 주기

수박은 건조에 강한 작물로 아주심은 후부터 열매 달림 전까지는 특별히 물을 줄 필요가 없다. 그러나 생육 초기에는 대체로 뿌리가 얕게 분포되어 있으므로 토양수분이 부족하면 건조해를 받기 쉽다. 이때 건조의 해를 받으면 생육이 늦어질 뿐만 아니라 고온으로 일소현상이 나타나기 쉬우므로 건조되기 전에 물 주기를 한다.

초세가 약하여 줄기가 가늘고 줄기 끝에서 개화되는 경우에도 물 주기를 하여 초세를 회복시켜 주도록 한다. 이 무렵에는 1회에 많이 물을 주어 땅속 깊이 물이 스며들게 하는 것이 좋다. 갈이흙(경토)이 극히 얕거나 물 빠짐이 나쁜 토양에서는 부득이 소량씩 자주 물을 줄 수밖에 없으나 일반 토양에서 소량씩 자주 주는 것은 좋지 않다.

〈표 6-12〉 토양수분량과 수박의 생육(정, 1990년)

토양수분(pF)	줄기 무게(kg)	과실 개수 중량(kg)		과실 중량 지수	질소 흡수량(g)
건조구	2,900	1,700	4,900	93	8,980
적습구	2,100	1,500	5,250	100	8,020
습윤구	1,660	1,400	3,520	67	4,320

나. 착과 후의 물 주기

과실의 발육은 씨방의 크기 및 착과 후 7~14일간의 생육조건에 따라서 크게 영향을 받으므로 큰 과실을 수확하기 위해서는 착과 후에 초세를 강하게 관리하는 것이 좋다. 과실은 보통 착과 후 20~30일경이면 수확과의 60~80% 정도, 과중은 수확과의 80% 정도에 이르게 된다. 그 이후에는 착색이 되고 당도가 높아지는 성숙기에 이르게 된다. 그러므로 보통 착과 20일까지만 물 주기를 하고 그 이후부터는 주지 않는 것이 좋다.

물 주기는 착과가 80% 정도 끝이 난 상태에서 초기 비대를 위하여 웃거름을 주면서 실시한다. 그 후 초세를 판단해서 2~3회 물 주기와 웃거름을 함께 실시한다. 비대 후기에 물 주기를 하여 토양수분이 급격하게 변하면 열과 및 품질저하의 원인이 되므로 주의하도록 한다.

4. 비료 주기 관리

비료량의 결정

수박의 비료량은 전 생육기간 동안에 흡수하는 무기양분의 양을 토대로 결정하게 된다. 즉각 비료성분별로 수박에 흡수된 양을 조사한 다음 각 요소의 토양에서의 (10a당) 이용률과 비료의 종류에 따라 비료량을 결정한다. 그러나 수박의 무기양분 흡수량은 조사하는 지역에 따라서 약간의 차이가 있기 때문에 일률적으로 비료량을 결정하기란 사실상 불가능하다. 따라서 토양의 종류, 비옥도, 밭작물의 종류, 기상조건 등에 따라 결정하여야 하며 재배 방식에 따라서도 조절하여야 한다.

비료 주는 요령

근래에는 퇴비 만들기가 점점 어려워져 화학 비료 위주로 재배하는 농가가 많다. 화학 비료 위주로 재배할 때는 생육기에 따라 적절히 비료 효과가 나타날 수 있도록 비료량과 비료 주는 시기를 조절할 필요가 있다.

〈표 6-13〉 수박의 무기양분 흡수량(농업기술대계)

(단위: kg/10a)

구분	질소	인산	칼리	석회	마그네슘
줄기와 잎(경엽)	4.8	0.8	3.3	10.0	1.7
과실	12.9	3.5	16.0	1.9	1.8
합계	17.6	4.3	19.3	11.9	3.5

비료의 효과는 기후의 영향을 크게 받으므로 생육기별로 적절히 나타나도록 조절한다는 것은 대단히 어려운 일이다. 그러므로 가장 합리적이고 경제적인 비료 주기 방법을 스스로 고안해 둘 필요가 있다. 수박의 생육에 따른 비료, 특히 질소질 비료의 요구도는 다음의 4단계로 나누어 볼 수 있다.

1단계. 발육 초기

줄기의 수를 확보하고 줄기의 발육을 돕기 위해서 비료의 효과가 왕성하게 나타나야 한다.

2단계. 암꽃의 개화 및 열매 달림(착과) 시기

이 무렵에 비료의 효과가 크게 나타나면 왕성한 발육과 결실 불량의 악순환이 계속되므로 비료의 효과가 강하게 나타나지 않는 것이 좋다. 하우스 내에서와 같이 수분 조절이 가능한 곳에서는 관계가 없지만 노지재배의 경우 장마와 겹치면 착과불량이 되기 쉬우므로 특히 주의해야 한다. 그러나 지나치게 초세를 약하게 관리하면 씨방의 발육과 과실의 초기 발육이 나빠져 과실이 작아지고 납작해지므로 주의해야 한다.

3단계. 과실의 발육 전반기

이 시기는 과실의 비대를 촉진하고 엽면적을 확보하기 위하여 비료의 효과를 높여 주어야 한다. 일단 과실이 달리게 되면 영양과다 현상은 거의 나타나지 않으므로 비료의 효과가 강하게 나타나도록 관리한다.

〈표 6-14〉 시설재배 표준 비료량

(단위: kg/10a)

구분	밑거름	관행 웃거름	계	밑거름	조정변경 웃거름	계
질소	8	12	20	5.0	8.0	13.8
인산	15	0	15	4.9	0	4.9
칼리	10	10	20	4.4	4.3	8.7

4단계. 과실 성숙기

비료의 효과를 발육 전반기에 비해서 낮추어 주되 비절(悲絶, 거름기가 떨어지는 것)되지 않도록 비료의 효과를 지속시켜 주는 것이 과실의 비대 및 품질 향상에 바람직하다. 늦게까지 웃거름을 주어 어린잎이 왕성하게 자랄 정도가 되면 수량, 품질, 특히 당(糖) 함량에 나쁜 영향을 미치므로 주의하여야 한다.

이상과 같이 수박 생육기간 중에 비효, 특히 질소질 비료의 효과가 강하게 나타나야 하는 시기는 생육 초기의 아들덩굴을 확보하는 시기와 착과 후 과실 비대가 활발한 발육 전반기이다.

그러므로 퇴비는 밑거름으로 충분히 시용하고 요소나 황산암모늄(유안) 같은 질소질 비료는 밑거름과 웃거름으로 나누어서 시용을 하는 것이 바람직하다. 인산질비료는 특히 뿌리의 초기 발육에 크게 영향을 미치며 또 효과가 늦게 나타나는 지효성 비료이므로 가급적 전량 전층시비 하는 것이 바람직하다. 칼리는 대체로 질소질 같은 방법으로 주면 되지만 초기보다는 후기에 더욱 많이 필요한 비료이므로 웃거름에 중점을 두는 것이 좋다.

(1) 1년 1작 기준이며 1년 다작(多作)인 경우 작물의 흡수량 및 목표량을 감안하여 본 시비 기준량에서 10~20% 정도 감량한다. 또 사질토양에서는 이보다 더 웃거름 위주로 한다.

(2) 개별 농가의 비료량은 해당 농가 개개 필지로 토양 성분을 검정하고 시비량을 추천함이 타당하다.

5. 지주재배 기술

우리나라의 경우 수박재배는 최근 시설재배 면적이 크게 증가하여 2019년 기준 시설재배 면적이 80%를 차지하고 있다. 이는 노지재배 시 장마기와 겹쳐 강우로 인한 병해충 발생과 품질저하에 따른 피해를 줄이기 위한 것으로, 비가림재배법은 1980년대 초반부터 도입되기 시작하였고 보편화된 것은 1980년대 중반이다. 일반 노지에서 수박을 재배하는 방법은 10a당 재식포기 수를 600~800포기 정도로 하고 포기당 2~3개를 착과시키는 방법이다. 그러나 이는 줄기가 무성하여 병해의 발생이 많고 초세의 약화 및 영양의 불균형을 초래하여 품질을 떨어뜨리는 원인이 되었다. 따라서 이러한 단점을 보완하기 위해서 비가림 시설을 이용하여 고밀도 지주재배를 도입하게 되었다.

고밀도 지주재배 방법은 재식주 수를 600포기 정도로 한정하지 않고 2~3배 정도 많이 심고, 포기당 착과 수를 줄여준다. 이랑에 파이프로 아치형, 직립형, 교차형의 받침대를 만들어서 유인 줄이나 망을 씌우고 과실을 공중에 매달거나 지면 위에 열매가 달리게 하는 방법이다.

이러한 방법은 바람이 잘 통하고 햇볕을 골고루 받을 수 있어 줄기의 웃자람과 각종 병해충의 발생을 줄일 수 있고, 건실한 잎(Source Size)의 확보가 가능하여 광합성 작용이 활발하게 이루어진다. 또한 포기당 착과 수를 줄여 품질이 우수한 과실을 생산할 수 있으며 토양 수분의 조절이 용이하고 작업효율 및 단위 면적당 수량을 높일 수 있는 재배법이다. 그러나 1990년대 이후 시설재배 면적의 증가와 인건비의 상승으로 인하여 지주재배보다는 토양 위에 줄기유인재배가 일반적이며, 지주재배는 소과종 수박의 재배 시 이용되고 있다.

품종의 선택

고밀도 지주재배 시 품종의 선택은 재배 못지않게 중요하다. 그 이유는 과실의 크기에 따라서 지주의 형태가 달라져야 하기 때문이다. 즉 과실이 작은 소과종에 해당하면 아치형이나 직립형, 교차형에 관계없이 재배자의 경영능력에 따라 어떤 형태의 지주도 가능하지만 대과종의 경우 아치형의 받침대를 세워서 공중에 매다는 방법은 과실의 무게 때문에 재배 관리가 어려워 직립형이나 교차형을 택해야 한다.

비가림 고밀도 지주재배 시 품종 선택에 있어서 고려해야 할 점은 초세가 강하면 착과시키는 것이 어렵기 때문에 초세가 강하지 않고 품질이 우수하며, 착과가 잘되고 소비자의 기호성이 높은 품종을 선택하는 것이 좋다. 또한 과실을 공중에 매다는 방법으로 재배하고자 할 때는 2~3kg 정도의 소과종 중에서 과실 꼭지 부분이 튼튼한 품종을 선택하는 것이 좋다. 그리고 과실을 지면 위에 착과시키는 방법을 선택할 때는 소과종이나 대과종 어느 품종을 선택해도 된다. 토양 위에 줄기 유인재배 시 품종의 선택은 작형에 맞추어 촉성재배 시 내냉성이 강한 품종을, 억제재배 시에는 내서성이 강한 품종을 선택해야 한다.

육묘

가. 씨 뿌리기(파종) 및 접목

일반적으로 파종시기는 아주심기 시기를 역산하여 30~35일 전에 실시하는데 접목의 방법, 대목 종류 및 육묘하우스 환경조건 등에 따라서 며칠간의 차이가 있다. 수박에서 많이 사용하고 있는 접목방법은 꽂이접과 맞접인데 꽂이접의 경우에는 대목을 2~3일 정도 일찍 파종하고 맞접을 할 경우에는 대목과 동시에 파종하거나 수박을 2~5일 정도 일찍 파종한다. 접목은 수박 파종 후 7~8일경에 실시하므로 수박을 파종 기준으로 할 경우 육묘일수는 대목이 박일 경우에는 42~48일, 호박일 경우는 37~43일이 된다. 따라서 대개 40~50일 정도로 보면 무난하다.

〈표 6-15〉 육묘기 관리요점

구분	질소
품종 선택	과실을 공중에 매다는 방법 : 대과종보다는 소과종 품종 선택
파종	줄뿌림, 발아온도 : 박, 수박 28~30℃ , 호박 25 ℃ 내외
파종 시기	아주심기 시기를 역산하여 30~35일 전
접목 시기	꽂이접 : 접수은 떡잎 전개 시, 대목은 본잎 전개 시
접목상 내 환경	꽂이접 : 온도 28~30℃, 상대습도 100% 유지(2~3일간) 맞접 : 온도 28~30℃, 상대습도 90% 내외 유지
접수 단근	호접 시 접목 후 15~18일에 접수의 뿌리 제거
묘의 경화	아주심기 일주일 전부터 정식 재배지와 같은 환경조건으로 관리해 줌

지주 설치 요령

가. 직립형

파이프와 철사 등을 이용하여 공중에 길게 설치한 후 끈으로 오이나 토마토재배에서처럼 줄기를 유인하는 방법으로 자재비용 등 경영비가 적게 소요되지만 유인작업 시 노동력이 많이 들고 여러 개의 과실을 매다는 것은 어렵다.

나. 아치형

파이프를 아치형으로 구부리고 2m 간격으로 설치하여 오이 유인망 등을 파이프 위에 씌우고 줄기를 지그재그 형태로 유인하는 방법으로 경영비는 많이 들지만 유인작업 시 노동력이 적게 들고 여러 개의 과실을 매달아도 안전하다.

다. 교차형

대나무 등을 이용하여 윗부분을 서로 교차시켜 끈으로 고정하고 아랫부분은 받침대를 땅속에 박아서 고정시킨 후 줄기가 자랄 때마다 끈으로 묶어주면서 유인하는 방법으로 작업이 힘들고 노동력이 많이 든다.

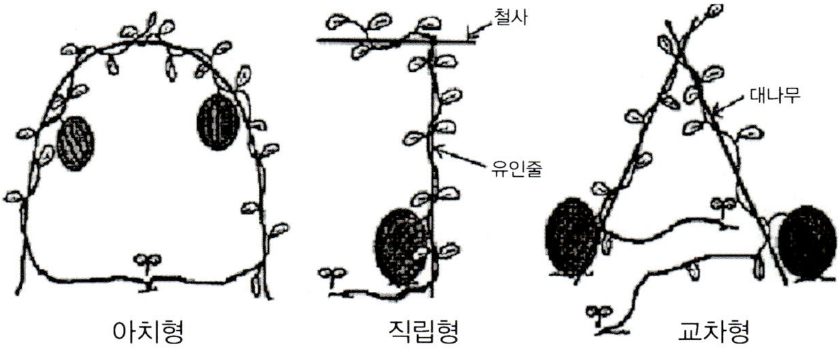

〈그림 6-8〉 수박의 지주 형태

아주심기

가. 준비

아주심기 10~20일 전 재배지에 밑거름, 석회, 퇴비를 넣고 토양갈이 작업을 한다. 밑거름은 토양을 분석한 후 부족한 성분만을 주고 충분하게 있는 성분은 기준량만 준다. 퇴비는 수박재배에 있어서 품질을 향상시키는 큰 요인으로 작용하므로 가능한 한 많이 준다. 이랑 만들기는 한 이랑에 한 줄 또는 두 줄로 심을 것인가를 미리 결정하여 만드는데 되도록 높게 만든다.

나. 심는 거리

비가림 지주재배 시 심는 거리는 일반 평면재배와는 달리 m^2당 심는 포기 수를 늘려 고밀도로 심을 수 있다. 그러나 너무 많이 심으면 생육하는 동안의 관리가 어렵고 오히려 품질이 떨어지므로 적정 포기 수를 심어야 한다.

소과종의 경우에는 이랑 폭을 2m, 포기 간 거리는 40cm(1,250포기/10a)로 한다. 또한 포기당 2줄기를 유인하여 줄기당 1과(포기당 2과)씩 열매를 달리게 하는 방법을 택하는 것이 좋다. 대과종의 경우 이랑 폭을 2m로 하고 포기 간거리는 40~60cm로 하여 포기당 2줄기를 유인하여 포기당 1과를 착과시키는 방법이 좋다.

〈표 6-16〉 대과종 수박의 지주재배 시 수량 특성(국립원예특작과학원, 1997년)

재배 형태	밀식 정도 (990㎡(300평))	엽면적 지수	열매무게(과중) (kg)	1차 수량 (kg/10a)	2차 수량 (kg/10a)	당도(°Bx)
노지재배	관행재배(625주)	0.99	4.4	1875	1,147	9.3
	지주재배(625주)	3.96	5.3	1,625	1,802	9.5
	지주재배(1,250주)	3.19	4.6	2,172	2,412	9.1
	지주재배(1,875주)	4.75	3.5	2,312	2,014	9.3
	평균	3.22	4.5	1,996	1,844	9.3
비가림 재배	관행재배(625주)	1.66	6.1	2,869	3,780	10.3
	지주재배(625주)	5.29	7.5	3,958	5,243	10.3
	지주재배(1,250주)	6.57	7.7	5,687	6,480	11.1
	지주재배(1,875주)	7.11	7.4	9,541	5,459	10.2
	평균	5.15	7.2	5,516	5,240	10.5

※ 2줄기 1과 착과, 2회 수확함.

〈표 6-17〉 소과종 수박의 지주재배 시 심는 거리별 품질 및 수량성(국립원예특작과학원, 1997년)

심는거리	열매 길이(cm)	열매 폭(cm)	당도(°Bx)	열매 무게(g/개)	수량(kg/10a)
100x40cm(2,500포기/10a)	16.0	15.7	8.4	1,723	3,561
100x60cm(1,660포기)	17.1	17.0	8.9	2,658	3,780
200x40cm(1,250포기)	22.0	19.6	10.2	3,173	5,289
200x60cm(830포기)	20.6	18.0	10.0	3,100	3,900
300x50cm(660포기)	19.4	18.5	8.8	3,273	3,149

※ 줄기당 1과 착과, 1회 수확

다. 아주심기 요령

아주심기 위치는 과실을 공중 혹은 지면 위 중 어느 곳에 위치시키느냐에 따라서 달라진다. 즉 소과종재배 시 공중에 착과시킬 때는 이랑의 중앙에 아주심어 두 줄기를 유인하여 착과시키는 것이 좋다. 그러나 과실을 지면 위에 착과시킬 때는 중앙에 심으면 지면에 착과시키기가 어렵기 때문에 이랑의 끝부분에 심어 반대쪽으로 줄기를 유인하고 끝부분에 착과시키는 것이 좋다.

수박은 아주심을 때 깊게 심으면 묻힌 줄기로부터 덩굴쪼김병 및 덩굴마름병 등 병이 옮겨져 피해가 심하므로 가능하면 얕게 심는 것이 좋다. 그리고 햇볕이 강한 한낮이나 바람이 부는 날에는 잎의 증산량이 많아 쉽게 시들어 버릴 수 있으므로 한낮은 피하고 아침저녁이나 바람이 불지 않는 날에 아주심기를 한다.

유인

과실을 공중에 매다는 방법을 택할 경우에는 이랑의 중앙에 심은 후 튼튼한 아들덩굴로 2줄기를 택하여 서로 반대 방향으로 유인을 하고 유인한 덩굴이 이랑 끝에 오기 전에 유인망을 씌운다. 줄기가 이랑 끝에 닿으면 유인망에 지그재그 형태로 줄기를 유인하는데 이때 생장점이 절단되지 않도록 주의해서 유인한다.

과실을 지면 위에 착과시키는 방법을 택할 경우에는 이랑 끝에 심고 반대편 쪽으로 한 줄기를 유인하여 착과는 지면 위에 하고 줄기만 공중으로 유인한다. 고밀도 지주재배 시에는 줄기를 공중으로 유인하는 것이므로 곁가지가 많으면 서로 엉키어 작업 및 관리가 어렵기 때문에 가능한 한 착과 전까지 발생되는 곁가지는 모두 제거해 주는데 착과 마디 아래에 곁가지를 1줄기 정도 남기는 것이 품질 향상에 좋다.

〈표 6-18〉 육묘기 관리요점

작업명	주요관리지침
지주설치	과실의 무게를 감안하여 아주심기 직후 튼튼하게 설치할 것
짚 바닥덮기	고온기 재배 시 토양수분 유지와 고온방지를 위하여 짚으로 바닥덮기 한다.
유인작업	곁가지 제거 및 유인망에 지그재그로 유인(생장점이 잘리지 않도록 주의함)
착과 요령	암술머리에 활력 있는 꽃가루를 골고루 묻혀준다. 착과보조제를 사용하여 씨방부에 발라준다.

비료 주기 및 토양수분 관리요령

아주심기 전에 재배지의 토양을 채취하여 토양분석을 실시한 후 부족한 양분만 보충하여 비료 주기 하는 것이 토양의 염류집적을 막을 수 있다. 특히 고정시설이나 이어짓기 재배지에서는 반드시 이렇게 할 필요가 있다.

분석결과 토양 내 양분이 충분하게 있으며 밑거름 시용량을 줄이고 재배하면서 양분 부족 현상을 보일 때 웃거름 형태로 비료를 주는 것이 좋다. 일반적으로 1차 웃거름 시기는 과실이 계란 크기일 때 실시하고 2차는 과실 직경이 15cm 정도일 때 실시하는 것이 좋다. 웃거름은 최근에 많이 보급되고 있는 정량 주입펌프나 액비 시용장치를 이용하여 물거름(액비) 형태로 시용하는 것이 비료의 효과를 높일 수 있고 재배자의 노동력 절감 및 생력화율을 높일 수 있다.

착과 요령

가. 열매 달림(착과) 전 요령

수박재배 시 착과기의 초세는 착과율과 밀접한 관계가 있어 초세가 강하면 착과율이 현저하게 떨어진다. 수박 초세 진단은 개화 당일의 암꽃으로부터 줄기 끝까지의 길이로 판단하는데 줄기의 길이가 60m^2 이상이면 잎자람새(초세)가 강한 편이고 30cm 이하이면 초세가 약하며 30~60cm 정도가 적당하다. 따라서 초세가 적당하게 유지되도록 비료량, 관수량 등을 조절하여 주고 착과 마디 아래의 곁가지는 가능한 제거를 해준다.

나. 착과 마디

착과 마디는 일반재배지에서는 15마디 이후 또는 20마디 전후가 좋다고 하지만 비가림 고밀도 지주재배 시에는 반드시 그렇지는 않다. 그 이유는 착과 후 과실을 받쳐줄 때 높은 위치에 달리게 하면 노동력이 많이 소요되며 작업이 힘들게 되고 낮은 위치에 착과를 시키면 노동력은 적게 들지만 일반재배처럼 지면 위에서 착과가 되어 과실을 돌려주어야 하기 때문에 비가림 고밀도 지주재배 시에는 제2번 암꽃을 제3번 암꽃에 착과시키는 것이 좋다. 그러나 저온과 비료부족 등으로 생육이 나쁠 때는 잎 수도 적고 엽면적이 적으므로 과실의 품질을 향상시키기 위해서는 착과 마디를 이보다 높여야 한다.

다. 착과요령

수박재배에 있어서 가장 큰 문제는 꽃가루받이로 비가림 억제재배는 하우스 내에서 한 여름철에 재배되는 작형이므로 벌을 이용할 수도 없고 부득이하게 인공수분이나 착과제를 활용할 수밖에 없어 착과를 시키기가 더욱 어렵다.

인공수분 방법은 주위의 건실한 수꽃을 따서 화꽃판(꽃잎)을 제거한 후 암꽃의 주위에 꽃가루를 골고루 묻혀주어도 되지만 가능한 1개에만 묻혀주는 것이 착과시키는 데 안전하다. 또한 기상관계로 수꽃의 개화가 나쁠 때는 전날 오후에 수꽃을 채취하여 보관 용기에 물을 약간 넣어 꽃이 시들지 않도록 한다. 그리고 그 위에 비닐을 덮어서 따뜻한 곳에 두고 인공광선을 비추어 개화를 시킨 후 이용한다.

〈표 6-19〉 소과종 수박의 착과 마디에 따른 품질 및 수량비교(국립원예특작과학원, 1997년)

착과 마디	당도(°Bx)	식미지수	상품과율(%)	상품수량 (kg/10a)	비고
제1번 암꽃 착과	9.8	3.1	83.3	3,282	2과 착과/포기
제2번 암꽃 착과	10.9	4.6	91.8	4,232	지주재배
제3번 암꽃 착과	10.6	4.3	88.3	4,121	1,250포기/10a 재식

※ 식미지수 : 나쁨(1)~좋음(5)

착과제를 이용한 꽃가루받이는 여러 가지 방법이 있는데, 인공수분을 실시한 후 수박에 등록된 착과증진제를 등록 사항에 따라 희석하여 씨방부에 도포하여 착과율을 높일 수 있다.

〈표 6-20〉 생장조절제에 의한 착과 촉진(국립원예특작과학원, 시설시)

광 조건	착과제	착과율(%)	지수
무차광	인공수분 + BA 1%	85.7	146
	인공수분 + PCPA 100배액	63.3	108
	인공수분	58.6	100
차광	인공수분 + BA 1%	54.0	123
	인공수분 + PCPA 100배액	57.9	132
	인공수분	43.8	100

과실 받쳐주기 및 돌려주기

과실을 공중에 매다는 방법으로 재배할 때는 착과 후 과실 직경이 10cm 정도가 되면 과실이 떨어지지 않도록 망으로 과실을 받쳐준다. 망의 크기는 구멍이 2~3cm 정도인 망을 30cm 크기로 자르고 네 모서리에 끈을 묶어 이것을 지주에 단단히 고정시키고 망 위에 과실을 올려놓는다.

과실을 지면 위에 착과 시키는 방법을 택하여 재배할 경우에는 지면 위에 착과시킨 후 과실 수확하기 10~15일 전에 과실을 돌려주어 지면 위에 닿았던 황색부분이 착색되도록 한다.

수확

수박의 성숙일수는 개화부터 대개 적산온도가 800~1,000℃ 정도로 토질, 품종, 초세 등에 따라서 다르지만 소과종의 경우는 착과 후 30~37일, 대과종의 경우는 45~50일을 기준으로 수확하는 것이 좋다. 그러나 억제재배 시 이상기후로 인하여 고온이 계속되는 해에는 이보다 일찍 수확하는 것이 육질악변과 등의 발생을 줄일 수 있다.

수확 요령은 교배를 실시할 때 교배일자를 기입하여 날짜를 역산하여 수확하면 좋고 만약 작업의 번거로움 때문에 교배 날짜를 기입해 놓지 않았을 경우에는 수박을 두드려 보거나 수박 겉껍질의 선명도 등을 관찰하여 먼저 3~4과 정도를 수확해 숙도를 확인한 후 나머지 과실을 수확하는 것이 안전하다.

일반적으로 수확과의 숙도 판정은 다음과 같은 방법이 있다.

- 과실이 달린 줄기의 덩굴손이 노랗게 변해 있거나 시들어 있다.
- 과실이 성숙됨에 따라 겉껍질에 윤기가 나고 호피무늬가 선명해지며 털이 없다.
- 발육이 충실한 과실은 어깨가 펴지고 과일꼭지 주변에 결이 생긴다.
- 미숙한 것은 깡깡하는 금속음이 나고 성숙된 것은 통통하는 탁음이 있다.
- 성숙된 것은 꽃자리를 눌러보면 탄력이 있다.

〈표 6-21〉 착과기부터 수확기까지의 관리 요점

작업명	주요관리지침
덩굴 웃자람 방지	웃거름의 양으로 조절(웃자랄 때 착과율 저조함)
과실 비대기의 초세 유지	웃거름 적기 시용(정량펌프를 이용하여 액비 시용)
병해충 방제 철저	정기적인 약제 방제, 예방 위주 관리
과실 매달기 작업	과실이 야구공 크기일 때 낙과 방지상 매달아 줌. 매다는 작업이 과피에 상처가 나지 않도록 주의할 것. 매단 과실이 떨어지지 않도록 수시로 확인할 것
제때 수확	착과일 표기 후 적기 수확

6. 배지경 양액재배 기술

수박 배지경재배는 아래의 조성표를 이용하여 3회에 걸쳐 예비실험을 실시한 결과 충분히 가능성이 있는 것으로 보인다. 따라서 앞으로는 품질 향상이 주목적이 되므로 이를 위해서 과실 성숙기의 양액농도 및 관리요령 등에 관하여 연구해야 할 것으로 생각된다.

양액조성표

- N - P - K - Ca - Mg = 12 - 3.0 - 5.0 - 6.0 - 3.0me/L
- 다량원소 : 1톤당 KNO_3 505g, $NH_4H_2PO_4$ 115g, $Ca(NO_3)4H_2O$ 708g, $MgSO_47H_2O$ 369g
- 미량원소 : 1톤당 Fe~EDTA 15~25g, Mn 2g, Cu 0.05g, Zn 0.22g, B 3g, Mo 0.02g
- pH 5.5~6.5, EC 2.2 내외 유지

양액공급

- 급액량 1~2L/포기, 급액 횟수 8~12회/1일(1회 공급시간 10분 내외)
- 당도 향상을 위해서 수확 10일 전부터 양액 공급횟수 및 공급량을 줄인다.
- 여름철 재배 시 야간에도 1회 정도 공급하는 것이 수분 부족 증상을 막을 수 있다.

주의사항

- 베드 설치 시 수평을 잘 맞추어야 생육이 균일하고 과습 또는 건조 피해를 막을 수 있다.
- A액과 B액 탱크에서 나가는 양이 동일해야 하므로 액비 혼입기를 잘 조절한다.
- 원수의 수질분석을 꼭 실시한다.

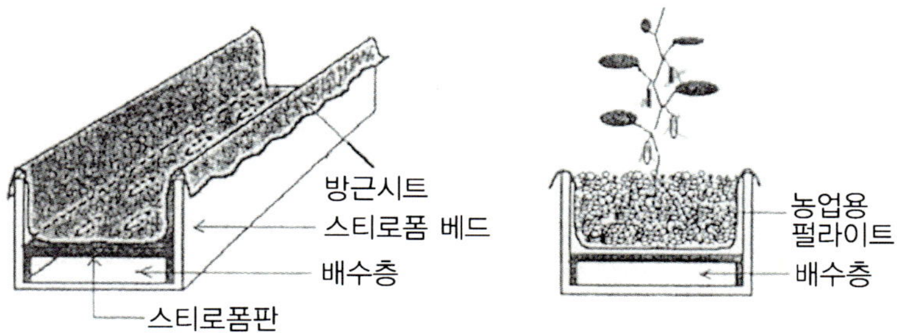

〈그림 6-9〉 배지경 양액재배 시 배지형태

핵심만 콕콕!!

제6장 시설재배

1 시설재배의 작형

▶ 시설재배는 촉성재배, 반촉성재배, 억제재배 등으로 나눌 수 있다.

2 시설재배 작형에 맞는 품종 선택

▶ 재배 방식에 따라 적합한 품종 기준이 달라진다.

▶ 대형 하우스재배는 저온신장성 및 착과성이 좋은 올씨(조생종)를 선택한다.

▶ 비가림 하우스재배는 당도가 높은 대형과로 더위에 강한 품종을 고른다.

▶ 수량, 내병성, 수송성 등이 좋아야 한다.

▶ 억제재배는 고온기에 심어 저온기에 수확하기 때문에 더위와 추위에 모두 강한 품종을 선택하고 약한 빛에서도 표피가 선명하게 되며 당도가 높은 품종이 좋다.

3 시설의 환경 관리

▶ 시설재배에서는 온도관리, 지온관리, 광환경의 조절, 환기, 토양관리, 물 주기 등 환경 관리가 필요하다.

4 시설재배의 비료 주기

▶ 수박의 생육 과정에 따라 필요한 비료에 대해 인지하고 비료량과 비료 주는 시기를 조절하여야 한다.

제7장

수박의 생리 및 이어짓기 장해

1. 과실에 나타나는 생리장해
2. 잎과 줄기에 나타나는 생리장해
3. 영양장해
4. 이어짓기(연작) 장해

1. 과실에 나타나는 생리장해

열과

가. 증상

열과는 열매가 갈라지는 현상으로 어린 과실에서부터 수확 직전의 커다란 과실에 이르기까지 계속 발생되는데 착색될 무렵에 가장 심하게 발생된다. 과실의 배꼽 부분부터 갈라지며 심하면 과실 중간 부분에서도 열과가 된다.

나. 발생원인

열과는 내부압력을 과실의 껍질이 견디지 못하여 발생하는데 착과 후 저온으로 발육이 일시 정지된 후 고온으로 급속히 비대할 때 발생한다. 열과는 착과 수가 적고 초세가 강한 경우에 발생하기 쉽고 가뭄이 계속된 후 비가 오거나 많은 양의 물을 갑자기 주어 급속히 생장할 때 발생한다. 또한 과실 비대 후기에 토양이 건조한 상태로 유지되다가 많은 양의 물을 주게 되면 나타난다. 최근 들어 기상 이변이 자주 발생해 생장호르몬제를 이용하여 착과를 시키는 경우가 많은데 이때 호르몬제의 농도가 맞지 않아 발생하는 경우도 있다.

〈그림 7-1〉 과실 비대기 열과 및 과실 성숙기의 열과

다. 방지대책

토양수분의 급격한 변화를 피하는 것이 가장 중요하기 때문에 토양을 덮어 재배를 하면 토양수분을 조절하는 효과가 있어 매우 좋다. 또한 퇴비를 많이 시용하

고 깊이갈이를 하여 뿌리를 왕성하게 발달시켜 수분이 순조롭게 흡수되도록 하며 급격한 변화에 잘 적응할 수 있도록 하는 것이 좋다. 그리고 저온재배 시 야간 저온으로 인한 어린 과실에 열과 현상이 나타나지 않도록 보온에 유의한다. 품종 선택 시 껍질이 얇은 품종이나 육질이 연한 품종, 소과종 등은 고려해서 선택하여야 한다. 생장호르몬제를 이용하여 착과를 시킬 경우 고온 시에는 저농도로, 저온 시에는 약간 고농도로 희석하는 등 농도를 적절하게 조절하여 사용한다.

육질악변과(피수박)

가. 증상

피수박은 수확기에 가까운 과실에서 많이 발생하는데 발생 초기 종자부에 물기가 어리어 흐릿해지고 적자색을 나타내며 점차 농자색 또는 농홍색으로 변하여 자극적인 냄새를 발산하고 과육이 적자색 또는 암적자색의 반투명으로 된다. 그리고 성숙한 과실의 과피가 탄력성이 떨어지고 광택이 없으며 두들겨보면 땅땅 소리가 나 농가에서는 피맺힌 수박이라고 부른다. 당도가 떨어지고 상품가치가 전혀 없다.

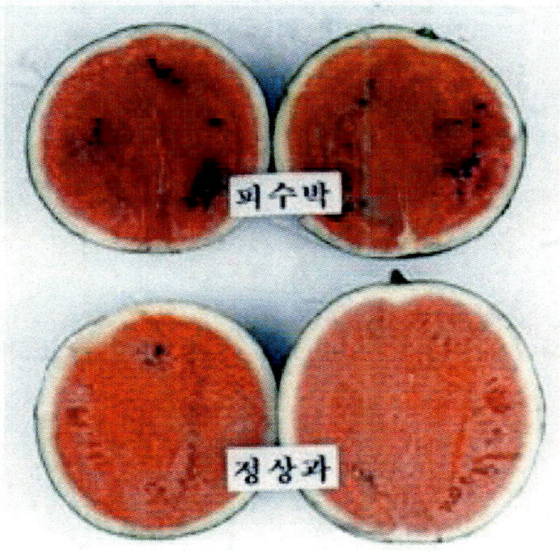

〈그림 7-2〉 토양수분 과다에 의한 피수박

나. 발생원인

육질악변은 비료가 많은 조건에서 토양수분이 많아 통기성이 나쁠 때 경토가 얕은 밭에서 많이 발생하며 가뭄이 계속되다가 갑자기 비가 온 뒤 수확한 과실에서 많이 볼 수 있다. 또한 지나친 고온과 직사광선으로 과실 내의 온도가 상승하여 호흡장애가 생겨 발생한다. 하우스보다 노지재배 시 육질악변과가 많이 발생하는데 노지에서는 수분이 많거나 건조하여 초세가 약할 때 특히 논과 같은 저습지에서는 뿌리가 얕게 분포하고 토양수분이 급변하므로 발생이 많다. 또한 초세가 약한 포기에 많이 착과시키면 생육 후기에 육질악변과의 발생이 현저히 늘어난다. 수확 후 수송 도중에 멜론, 토마토, 바나나와 같이 넣었을 경우에 멜론 등에서 발생되는 에틸렌가스에 의해 수박 과실이 이상호흡을 하게 되어 육질악변과가 유발되기도 한다. 이런 경우는 과피가 얇은 품종에 반응이 빠르다. 수박에 오이녹반모자이크바이러스(CGMMV)가 발생한 경우에도 많이 나타난다.

다. 방지대책

여름철 고온재배 시 과실이 강한 직사광선을 받지 않도록 신문지나 짚 또는 수박잎 등으로 가려주거나 엽면적을 확보하여 잎의 동화능력을 높여 주고 적정량의 물 주기와 비료 주기를 한다. 물 빠짐이 잘되도록 배수시설을 개선해준다. 그리고 지나친 가지고르기 작업으로 인한 초세의 약화를 막아주고 병해충 방제를 철저히 하여 잎의 손상을 방지하며 과실의 비대 성숙기에 토양이 지나치게 건조하거나 습하지 않도록 하면 어느 정도 예방할 수 있다. 수확을 적기에 하는 것이 필요한데 소과종의 경우는 적산온도가 800℃, 대과종의 경우는 1,000℃를 기준으로 수확을 하여야 한다. 따라서 재배 기간 동안 평년과는 달리 고온이었을 때는 다른 해보다 일찍 수확하는 것이 피수박이 되는 것을 막을 수 있으며 오이녹반모자이크바이러스병(CGMMV)이나 덩굴마름병에 걸리지 않도록 예방하는 것이 중요하다.

일소과

가. 증상

강한 태양광선을 받아 과실의 표면이 회갈색으로 변색된 과실을 일소과라 하는데 대부분의 경우 추후에 육질악변과(피수박)로 되는 경우가 많다. 심하면 상처를 통해 병균이 침입하여 부패하는 경우도 있다.

〈그림 7-3〉 일소과 피해 과실

나. 발생원인

노지재배의 경우 오랜 장마로 과피 조직이 연화된 상태에서 과실이 태양광선에 노출되면 발생되기 쉽다. 또한 뿌리가 약해져 양분 흡수량이 적거나 토양이 지나치게 건조하여 과실의 온도가 상승될 경우에도 발생하기 쉽다.

다. 방지대책

일소과를 예방하기 위해서는 초세를 적절히 유지시켜 주며 과실이 직사광선에 노출되지 않도록 짚이나 신문지 등으로 과실 표면을 덮어 주도록 한다.

공동과

가. 증상

수박에서 발생하는 공동과는 다음의 2가지로 구분할 수 있다. 첫째는 수박을 가로로 쪼개보면 심실과 심실 사이의 중간 부분이 갈라져서 공동(空洞)이 생기는 경우이다. 이러한 공동은 비대 초기부터 발생되는데 과피가 두껍고 당도가 낮으며 외관상으로 각을 이루고 있는 것같이 보인다. 또 과경 부위가 안쪽으로 함몰되고 호피무늬 부분이 약간 움푹하게 들어가 상품성이 떨어진다. 둘째는 수박을 세로로 쪼개보면 종자가 있는 부분이 갈라져 있고 종자는 검게 성숙이 되어 있는 경우이다. 이러한 형태의 공동은 주로 고절위에서 착과된 과실에 많이 발생되며 일반적으로 당도가 높다.

나. 발생원인

첫 번째 형태의 공동과는 저절위에 착과된 변형과나 하우스재배 시 저온에서 착과된 경우에 많이 발생한다. 수박이 저절위에 착과되면 초기에 엽면적 부족으로 발육이 늦다가 후기에 과실 비대로 인한 체적의 증대를 과육부의 세포분열이 감당하지 못해 세포 간에 간극이 생겨 공동과가 된다. 또 장마가 계속되어 일조량이 부족하고 질소 비료가 과다하여 덩굴이 무성할 경우에도 공동과가 발생한다. 저온에서 수박이 착과되면 종자 수가 적어 과실 내부의 발육이 불충분하고 저온, 건조에 의해서 동화양분의 과실로의 이행이 원활하지 못하여 종자 주변의 비대가 저조하다가 그 후 환경조건이 좋아짐에 따라 성숙이 촉진되어 과피부의 발육이 급격히 진전되므로 공동이 생기는 것으로 생각된다.

두 번째 형태의 공동과는 과실의 수확기가 가까운 비대 말기에 종자 주변은 성숙이 거의 완료된 상태이나 과피부 부근의 발육은 계속되어 과실 내의 발육이 불균형을 이루어 생기는 경우가 많다. 착과절위를 중심으로 하위절의 엽면적과 상위절의 엽면적이 서로 다를 때 동화양분의 공급에 불균형이 생겨 과실의 비대가 비정상적으로 되어 생기기도 한다. 특히 상위절의 엽면적이 많을 경우 늦게까지 과실이 비대하므로 공동과 발생이 많이 나타나고 있다. 박대목보다 흡비력이 강한 호박대목 사용 시에 공동과가 많이 나타난다.

〈그림 7-4〉 다양한 형태의 공동과 발생 과실

다. 방지대책

저온기에는 보온을 하여 저온에서 착과 및 비대가 이루어지지 않도록 하며 적정 마디에 착과시키도록 하고 보온이 불충분할 경우에는 엽면적을 확보한 후 착과시키도록 한다. 또 덩굴이 웃자라지 않도록 초세 관리를 적절히 하고 햇빛을 충분하게 받도록 한다. 장마기에는 일조량이 부족하고 질소질 비료의 효과가 강하게 나타나 웃자라기 쉬우므로 질소 과다 현상이 나타나지 않도록 시용량을 줄이는 등 비료 주기 관리에 주의하여야 한다.

황대과

가. 증상

황대과는 수박 과실을 잘랐을 때 과육의 중심부 또는 종자가 있는 태좌부에 꽃이 떨어진 부위에서부터 꼭지부분에 걸쳐 띠 모양으로 백색 또는 황색의 섬유질이 발달한다. 이 부위는 원래 도관과 체관을 포함하는 유관 속으로 양분과 수분의 유동에 관여한다. 과실 성숙 시 유관 속에 당분이 축적되면서 붉게 착색되어 소멸되는 것이 보통이지만 적산온도의 부족 및 건조, 석회 흡수 부족 등으로 과실이 성숙하여도 황대가 없어지지 않고 그대로 남아 있게 된 경우다.

나. 발생원인

저일조 약광에서는 동화양분의 생성과 전류가 적기 때문에 적산온도에 달해도 황대과가 된다. 또한 고온건조 조건에서 과다하게 착과가 된 경우 또는 석회나 붕소의 흡수가 억제되거나 병해충이나 기타 재해로 잎의 손실이 커져 동화능력이 있는 잎의 절대 수가 부족할 경우에 발생이 더욱 심하다. 접목재배나 질소 과잉으로 줄기가 지나치게 무성하여 동화양분의 과실 내로 전류가 저해될 경우에도 발생한다.

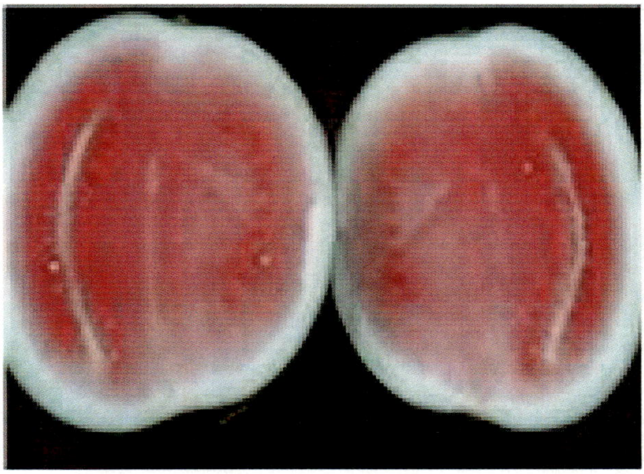

〈그림 7-5〉 황대과 증상

다. 방지대책

접목재배 시에는 질소 비료를 과다하게 주지 말고 퇴비를 많이 시용하며 깊이갈이를 하여 뿌리 뻗음을 좋게 한다. 석회 등 영양분의 흡수를 좋게 해주며 건조를 막기 위해 짚으로 토양을 덮고 잎마름증이나 각종 병해충의 피해로 인한 잎의 노화를 방지해 준다.

또한 가지고르기 작업 등으로 초세를 적절하게 조절하거나 줄기와 잎을 보호해 주면 효과가 크다. 수박 잎의 확보가 황대과의 발생을 줄일 수 있는데 보통 수박 잎 1장이 150~200g의 과실을 키우므로 최소한 50~70장 정도의 잎 확보가 필요하다.

암꽃 착생불량

가. 증상

암꽃의 발생과 착생이 잘 안 되며 착생이 되었더라도 꽃이 피기 전에 황변하면서 낙화된다.

〈그림 7-6〉 암꽃 착생불량

나. 발생원인

암꽃의 착생불량은 생리적으로 암꽃의 발달이 미비하거나 기계적인 장해를 받았을 때 발생한다. 또한 암꽃의 분화시기에 저온이나 이상고온, 그리고 일조부족 등에 의해서 발생하고 질소질 비료의 과다 시용으로 인하여 웃자랄 경우에도 암꽃의 착생이 불량해진다. 착생이 되었다가도 기계적인 장해에 의해서 착과 전에 암꽃이 낙화된다. 살충제나 살균제를 혼용하여 살포했을 때에 암꽃은 물론 어린 과실이 검게 변해 낙과되고 진딧물이나 오이총채벌레 등의 피해를 받아 낙화되거나 작은 각시들병나방의 유충이 암꽃의 씨방을 갉아먹어 낙화되기도 한다.

다. 방지대책

어린모 시기에 보온 시 주간에는 30℃ 전후, 야간에는 15~17℃ 정도로 신경을 써서 꽃눈의 분화 발달을 촉진하고 덩굴이 웃자라면 강정지나 1번 꽃에 착과시키는 등의 방법으로 덩굴이 웃자라는 상태가 되지 않도록 비료 주기 관리에 주의하고 일조부족이 되지 않도록 한다. 또한 약제 살포 시 방제 전에 농촌진흥청 농약안전정보시스템 (psis.rda.go.kr) 등에서 농약 최신 등록 사항과 안전 사용 기준을 반드시 확인·준수하고 안전하게 살포하며, 특히 진딧물, 총채벌레 등의 해충은 조기에 발견하여 철저히 방제한다.
엽면적을 확보하여 잎의 동화능력을 높이며, 적정량의 물 주기와 비료 주기를 하고, 배수불량이 되지 않도록 배수시설을 개선한다. 그리고 지나친 가지고르기 작업으로 인해 초세의 약화를 막고, 병해충 방제를 철저히 하여 잎의 손상을 방지한다. 또한 과실의 비대 성숙기에 토양이 지나치게 건조하거나 습하지 않도록 한다.

변형과(기형과)

가. 증상

수박의 모양은 품종에 따라 차이가 있지만 대부분 유통되고 있는 형태는 둥근 원형이다. 그러나 과실 성장기부터 과실의 형태가 품종 고유의 형태가 되지 않고 납작한 편평과, 비대의 불균형으로 인한 편형과, 꼭지 부분이 비대 되지 않는 조롱박과, 형태가 일그러진 부정형과 등의 변형과가 발생한다.

나. 발생원인

(1) 편평과

과실의 길이 자람이 왕성한 시기인 발육 초기에 저온, 건조, 빛 부족, 낮은 마디 착과로 인한 잎 수 부족, 지나친 영양생장 등으로 인해 초기 생육이 불량한 경우 발생이 많다. 이러한 조건이 과실 발육 후반기까지 계속되면 크기가 작은 소과가 되고 후기에 조건이 개선되어 급속히 비대되면 납작한 편평과가 된다.

(2) 편형과

정상적으로 꽃가루받이가 되어도 꽃눈의 발육장해로 발생되는 경우와 꽃가루받이 불완전으로 종자가 한쪽으로 몰려 발생하는 경우가 있다. 꽃눈의 발육장해로 발생되는 경우는 꽃눈 분화 발육 시에 저온, 건조, 비료량 과다(다비(多肥)), 석회

부족, 칼리 과잉 등의 요인으로 씨방으로의 석회공급이 부족하게 되어 정상적으로 꽃가루받이가 되어도 발생한다.

(3) 조롱박과

꽃눈 분화기의 석회 부족 및 꽃가루받이 불완전으로 인해서 발생한다. 특히 저온기에 낮은 마디에서 착과된 과실과 착과 수가 많아 양분의 경합이 심한 경우에 많이 발생된다.

〈그림 7-7〉 종자형성 불균형에 따른 편형과, 수정작업 불량에 따른 편형과, 조롱박과

다. 방지대책

석회 흡수를 원활하게 하기 위하여 퇴비의 시용을 늘리고 토양을 깊이 갈아 뿌리 발달이 잘되도록 한다. 착과기에 저온이 되지 않도록 하는 등 온도관리를 잘하여 완전하게 꽃가루받이 되고 착과 후에도 비대가 순조롭게 되도록 환경 관리를 적절하게 하며 인공수정을 할 때는 씨앗이 한쪽으로 몰리지 않고 암술머리에 꽃가루가 골고루 묻도록 한다. 또한 포기당 결실 수와 착과 마디를 조절하여 양분의 경합을 방지하고 초세를 적당히 유지하여 웃자람 상태가 되지 않도록 한다.

2. 잎과 줄기에 나타나는 생리장해

급성시듦증

가. 증상

급성시듦증은 수박 잎과 줄기가 시드는 증상으로 과실 비대기에 나타나는 확률이 높아 과실 수확 10~15일 전에 장마나 구름 낀 날이 계속되다가 맑은 날이 되면 시듦 증상을 보인다. 초기에는 낮에 증상이 나타나다가 아침저녁 또는 구름 낀 날에는 회복된다. 그러나 증상이 심해지면 시듦 증상이 회복되지 않고 말라 죽는다.

나. 발생원인

수박 지하부(뿌리) 발달이 저해되어 양수분의 흡수가 정상적으로 되지 않는 데 있다. 지하부 발달이 저해되는 원인은 토양수분의 지나친 과다 또는 건조, 높은 염류 농도, 미숙퇴비 시용 등이다.

또한 강하게 가지고르기를 했을 때와 일시에 착과가 많이 된 경우 뿌리의 활력이 약화되기 쉽다. 과실 비대기에는 탄수화물이 줄기나 잎으로 배분되기보다 과실에 집중적으로 배분된다.

〈그림 7-8〉 급성시듦증 초기급, 급성시듦증 말라 죽기(고사) 직전

다. 방지대책

급성시듦증은 적절한 양수분 관리를 해주고 곁가지 수를 적절하게 조절하여 초세를 유지시켜 뿌리의 활력을 강하게 해주는 것이 무엇보다도 중요하다. 특히 가축분의 다량 시용이나 미숙퇴비 시용 등은 금하고 토양분석을 실시하여 염류집적 등이 되지 않도록 한다.

잎마름증

가. 증상

잎마름증은 잎이 마르는 증상으로 생육 초기에는 거의 발생하지 않고 과실 비대기에 착과 마디 부근의 잎에서부터 주로 발생해 점차 부근의 잎으로 확대된다.

이 증상은 호박에 접목한 경우보다 실생재배나 참박대목에 접목하여 재배할 때 많이 발생하는데 그 이유는 뿌리의 마그네슘 흡수량이 호박에 비해 적기 때문이다. 잎마름증은 탄저병과 비슷하여 재배자들이 보통 잎말이 탄저병이라고 한다. 초기에 깨알 같은 반점이 생기고 착과 마디 부근의 잎이 잎맥 사이에 백색이나 갈색의 작은 반점이 생겨 점차 번지게 된다. 이것이 심해지면 잎이 안쪽으로 말리면서 노화되고 잎 전체가 말라 죽는다. 이렇게 되면 과실의 비대가 불량하고 당도가 저하되어 상품성이 떨어진다.

〈그림 7-9〉 잎마름증은 과실 비대기에 발생

나. 발생원인

과실 비대기에 많이 나타나는 증상으로 과실이 급속히 비대하게 되면 과실로 다량의 마그네슘이 공급되어야 하는데 뿌리에서의 흡수량이 적으면 과실 부근의 잎에서 과실로 마그네슘이 이동하게 된다.

이 때문에 착과 마디 부근의 잎에서부터 마그네슘 결핍에 의한 잎마름 증상이 발생한다. 또한 토양 내에 마그네슘 함량이 많아도 석회 및 칼리가 과잉되면 이들과의 길항작용에 의해서 마그네슘의 흡수가 저해되어 발생하기도 한다.

다. 방지대책

토양갈이 작업을 할 때 깊이갈이 하고 퇴비를 시용하여 뿌리의 발달을 도모한다. 초세가 약하거나 뿌리가 피해를 입었을 경우에는 착과 마디를 높여서 충분하게 뿌리를 확보한 후 착과시키는 것이 좋다.

또한 토양이 건조할 때는 양수분의 흡수가 저해되므로 적절하게 물을 주고 여름철 재배와 같이 토양이 건조하기 쉬울 때는 짚으로 바닥덮기를 하여 토양의 건조를 막아주는 것도 효과가 있다. 잎마름 증상이 많이 발생되는 토양에는 아주심기 직전에 황산마그네슘을 시용하고 착과 후 황산마그네슘 0.5~1%액을 4~5일 간격으로 4~5회 정도 잎에 주면 효과가 있다.

순멎이

가. 증상

순멎이 증상은 수박 생장점의 생육이 잘 안 되거나 멈추는 증상이다. 파종상이나 육묘상에서 저온이나 해충의 피해 등으로 생장점이 퇴화되거나 생장점 부근의 잎이 노랗게 변해 생육이 멈추어 기형이 되거나 왜화상태가 되어 더 이상 자라지 않는다.

〈그림 7-10〉 순멎이 증상

나. 발생원인

석회부족으로 끝의 잎이 황화되면서 말라 죽어 순멎이가 발생되거나 알칼리성 토양, 접목 후의 저온, 어린 접수의 접목, 생장점의 고온피해 등에 의해서 발생한다. 파종상에서는 발아 후 주야간의 온도교차가 심하거나 지온은 높은데 지상부의 온도가 낮은 경우에 많이 발생한다. 시설재배에서는 갑작스러운 저온에 의하여 발생된다.

다. 방지대책

순멎이를 예방하기 위해서는 산성토양을 개량하여 석회결핍 증상이 일어나지 않게 하고 접목 시에는 완전히 떡잎이 전개된 접수을 이용하며 접목 후에는 보온을 잘해준다. 육묘상의 습도를 낮추어 생장점에 물방울이 맺히지 않도록 주의하고 시설재배 시 오후 늦게 물 주기를 하거나 고랑에 물을 대주는 것은 저온으로 이어지기 때문에 금하는 것이 좋다.

웃자람(과번무)

가. 증상

수박 줄기나 잎이 정상보다 훨씬 크게 자라는 증상으로 줄기가 웃자라면 끝부분이 굵어지고 위로 솟으며 털이 빽빽이 나고 착과기에는 인공수분 시 착과가 되지 않아 착과율이 떨어진다.

나. 발생원인

웃자람의 원인은 질소 비료의 과용, 흐린 날이 계속되는 경우, 다중 피복에 의한 일조부족, 착과 불량으로 인한 줄기와 잎(경엽)의 이상생장 등이다.

다. 방지대책

질소 비료의 과용을 금하고 어린모 때 빛을 충분히 받도록 하여 모종소질이 우수한 암꽃을 확보해서 착과 불량이 되지 않도록 주의한다.

〈그림 7-11〉 웃자람 증상

3. 영양장해

마그네슘결핍증

가. 증상

마그네슘 결핍증상은 잎에 반점이 생기면서 마르는 증상이다. 마그네슘은 엽록소를 구성하는 요소로 결핍되면 식물체의 잎이 황변하고 광합성 작용이 나빠진다. 또한 마그네슘은 식물체 내에서 인산의 이동을 돕는 역할을 하는데 초기에는 착과 마디의 잎에서 나타나기 시작하여 서서히 부근의 잎으로 넓게 퍼지며 심할 때는 생장점 부위까지 미친다. 증상은 초기에 잎줄기 사이에 흑갈색의 깨와 같은 작은 반점이 나타났다가 서서히 확대되어 잎 가장자리가 말려 올라가면서 잎 전체가 말라 죽는다.

〈그림 7-12〉 마그네슘 결핍 증상

나. 발생원인

착과 수가 많을 때, 토양이 건조할 때 피해가 심하다. 또한 토양 내의 칼리와 칼슘의 함량이 과다할 경우 이들과의 길항작용으로 마그네슘의 흡수가 나빠져 결핍증이 나타난다.

다. 방지대책

증상이 나타난 뒤에는 잎에 비료를 주어도 거의 효과를 기대할 수 없으므로 착과 전에 미리 살포하여 잎의 마그네슘 함량을 높여 둘 필요가 있다. 살포방법은 잎의 뒷면에 살포하는 것이 표면에 살포하는 것보다 흡수가 빠르므로 약제 살포하는 방법과 같은 요령으로 실시하면 된다.

토양관리는 칼리와 석회의 과다시용을 피하여 토양 내 염기의 균형을 이루어야만 이들과의 길항작용으로 인한 마그네슘의 흡수불량을 막을 수 있다. 또 퇴비를 시용하여 마그네슘의 비료 효과를 높이며 깊이갈이 및 심층시비로 뿌리의 분포를 확대시켜 주는 것이 좋다. 즉 마그네슘결핍증에 대한 대책은 토양관리를 적절히 하고 마그네슘의 흡수를 증진시킴과 동시에 강적심과 강정지를 피하여 과일 한 개당 충분한 엽면적을 확보하는 것이다. 이미 결핍증이 나타났을 경우에는 가급적 빨리 0.5~2%의 황산마그네슘을 4~5일 간격으로 2~3회 잎에 살포하면 효과가 있다.

칼리결핍증

가. 증상

칼리성분은 식물체 내에서 이동이 잘되는 요소로 식물체의 세포액 내에 이온의 형태로 용해되어 있는데, 탄수화물의 합성을 돕고 합성된 탄수화물이 당으로 변해 과일로 이동할 때 운반하는 역할을 한다. 생육 초기에는 잘 나타나지 않지만 자세히 살펴보면 잎의 내부에 백화현상이 약간 나타나다가 과일이 비대하면서 잎의 가장자리가 갈변하기 시작한다. 증상이 심하면 잎이 말라 죽어 낙엽이 되고 과일의 비대가 늦어지며 수량도 감소하게 되는데 아래쪽 잎에 심하게 나타나고 위쪽 잎에 결핍증이 나타나는 경우는 드물다.

나. 발생원인

토양 중 칼리의 함량이 낮을 때 질소나 석회비료는 칼리와 길항작용이 있어 이들을 과다하게 시용하게 되면 칼리의 흡수를 나쁘게 하여 결핍증이 나타나기도 하고 일조부족 및 저온에서도 흡수가 잘 안 되어 결핍증상이 나타난다. 또한 산성 토양으로 인하여 뿌리가 손상되었을 때에는 토양 내에 칼리가 충분히 있다고 하더라도 흡수가 안 되어 결핍증이 나타난다.

〈그림 7-13〉 수박잎의 칼리 결핍 증상

다. 방지대책

칼리는 작물에 꾸준히 필요한 성분으로 초기에 많이 시용했다 하더라도 중기와 후기에 웃거름을 하지 않으면 결핍증이 나타나게 된다. 따라서 칼리 비료를 반드시 웃거름으로 2~4회 정도 나누어서 시용하는 것이 중요하다. 또 사질토에서는 유실이 잘되므로 1회당 웃거름 양을 줄이는 대신 횟수를 늘리는 것이 필요하고 결핍증이 나타나면 응급대책으로 제1인산칼리 0.3%액을 잎에 살포하여 주면 효과가 있다. 질소나 석회질 비료의 과다한 시용은 피하는 것이 좋다.

칼슘결핍증

가. 증상

칼슘은 잎 안에서 대사 작용을 할 때 생기는 유기산을 중화하여 세포액의 산성화를 막아주는 역할을 하면서 칼리와 같이 작물체 내의 당분 이동에 관여한다. 또한 뿌리 끝의 세포분열에도 작용하여 식물체의 내한성, 내건성, 내습성 등을 높이는 역할을 한다. 따라서 결핍증상은 새로운 잎의 생육이 정지되고 전체적으로 위축현상이 나타나 생장점 부위의 잎이 황화증상을 보인다.

또한 잎이 뒤쪽으로 말리고 잎 주위가 갈변되며 심하면 잎이 말라 죽는다. 수박 덩굴에는 위축현상이 나타나고 생육 후기에 과일의 배꼽이 썩으면서 뿌리의 색깔이 갈변하기도 한다.

나. 발생원인

칼슘이 토양 속에 있어도 토양수분이 부족하면 토양 중의 질소농도나 염류 농도가 높아져서 칼슘 흡수가 나쁘게 되어 결핍증이 나타나고 질소를 과다하게 시용하여 길항작용에 의해서 상대적으로 칼슘의 흡수가 불량해지며 뿌리의 활력이 떨어졌을 경우에도 발생한다.

다. 방지대책

토양을 분석하여 칼슘이 부족한 곳에는 석회 비료를 충분히 시용하고 토양수분을 적절하게 유지시켜 주며 또한 퇴비를 많이 시용하여 완충력을 증대시켜 준다. 응급대책으로 초산칼슘 0.3~0.5%액을 3~4일 간격으로 2~3회 잎에 살포해 주면 효과가 있다.

붕소결핍증

가. 증상

붕소는 세포막을 만들고 있는 펙틴의 생성에 관여하며 식물체 내 칼슘의 이동을 돕는다. 결핍증은 체내에서의 이동이 늦기 때문에 새로 나오는 생장점 부근의 잎에서부터 증상이 나타나기 시작하는데 생육이 정지되고 위축현상이 나타나며 잎은 약간 농녹색을 띠게 된다. 또한 꽃눈의 형성과 생성이 나빠져서 착과율이 떨어지고 품질 저하는 물론 수량도 감소하게 된다.

나. 발생원인

붕소는 산성토양에서 쉽게 녹아 나타나는 경우와 사질토에서 석회질 비료를 많이 시용하여 붕소가 불용화되어 흡수가 나빠져 결핍증상이 나타나며 건조한 토양이나 유기물이 적은 토양에서도 나타난다.

다. 방지대책

유기질 계통의 퇴비를 시용하여 토양 물리성을 개선해 주고 토양수분의 급격한 변화와 가뭄에 의한 양분의 흡수가 나빠지는 것을 막아준다. 또한 석회질 비료를 과용하지 않도록 하고 결핍증이 나타나면 붕산 0.1~0.3% 수용액을 잎에 살포해 주는 것이 좋다.

4. 이어짓기(연작) 장해

이어짓기(연작) 장해는 동일한 작물을 동일한 장소에서 지속적으로 재배할 경우 재배 관리가 충분함에도 재배작물의 생육이 불량하게 되거나 수량과 품질이 뚜렷하게 나빠지는 것을 말한다.

이는 시설재배 면적의 확대 및 단지화 추세에 따라 다른 작물과 돌려짓기 체계를 갖추지 못한 채 같은 작물을 계속 재배하거나 장기재배 또는 불합리한 비료 주기로 토양의 이화학적 성질이 악화되고 있기 때문이며 이뿐만 아니라 특정 병원균의 밀도가 증가되기 때문이다. 따라서 다양한 이어짓기 장해의 발생원인과 증상을 잘 알아서 진단 기술을 익히고 효율적인 대책 기술을 습득하여 이어짓기 장해로 인한 각종 생리적 장해와 병해충 피해를 줄여야 한다.

이어짓기 장해 발생원인

가. 토양 전염성 발생의 증가

같은 작물을 돌려짓기 하면 토양 중에 뿌리로 침입할 수 있는 병원균이 증식하게 되고 수확 후에도 병원균은 토양 중에 남아 있는 뿌리에 살고 있다가 새로 작물을 심게 되면 새 뿌리로 옮겨져 증식하는 순환을 반복하므로 연작지 토양 중에는 병원균의 밀도가 높아져 피해를 많이 주게 된다. 박과 채소의 경우 덩굴쪼김병은 한번 병이 든 토양에서 병원균이 기주식물 없이도 13년 이상 생존할 수 있어 한번 발병되면 박과 채소 재배 자체가 곤란하게 된다.

나. 토양 양분의 과부족

양분의 과다 및 불균형적인 비료 주기가 원인이 되는 경우로 질소 비료를 다량 시용하면 토양 중에서는 다량의 질산태 질소가 축적되고 석회를 시용하더라도 토양은 산성화된다. 또한 질소 비료를 많이 주게 되면 작물의 세포막이 얇게 되고 작물체 내에 아미노산이나 가용성 질소 화합물이 증가해서 병원균의 증식이 촉진되므로 유의하여야 한다. 칼리가 과잉되면 길항작용에 의해 칼슘, 마그네슘이나 붕소와 같은 미량원소의 흡수가 방해를 받아 미량원소의 결핍증상이 나타난다.

〈표 7-1〉 수박 최적지 토양의 이화학적 특성

구분	pH(1:5)	유기물(%)	유효인산 (ppm)	양이온(me/100g)			질산태질소 (ppm)	EC(ms/cm)
				칼리	칼슘	마그네슘		
수박	5.5~6.5	2.0~3.0	350~450	0.7~0.8	5.0~6.0	1.5~2.0	100~150	2.0 이하

다. 토양 중 염류집적

(1) 염류집적의 원인

토양의 염류집적은 토양 중 양분함량을 고려하지 않고 과잉시비를 하는 데 가장 큰 원인이 있다. 일반적으로 시용한 비료의 흡수 이용률은 질소는 40%, 인산은 15%, 칼리는 50% 정도 흡수하고 나머지는 토양에 흡착되거나 유실되는데 시설 재배지는 비료가 노지에서처럼 유실되지 않고 토양에 잔존해 있기 때문에 염류가 집적되게 된다. 특히 다량의 가축분 시용은 염류집적을 촉진한다.

(2) 염류집적에 의한 장해

염류가 토양에 집적되면 뿌리의 발육을 저해하거나 양분, 수분의 흡수장해를 일으켜 생육이 장해를 받는다. 경우에 따라서는 미생물의 정상적인 활동이 방해를 받아 아질산가스가 발생하여 심한 피해를 주는 일도 있으며 건전한 작물과 생육의 구별이 없는 경우라도 수량이 20% 정도가 감소된다.

작물은 뿌리의 농도와 토양용액과의 삼투압차를 이용하여 수분이나 양분을 흡수 이용한다. 뿌리의 농도가 토양용액의 농도보다 높으면 작물은 정상적으로 양분을 흡수하지만 토양용액의 염류 농도가 작물의 뿌리보다 높으면 작물은 수분이나 양분을 흡수하지 못하고 오히려 수박 식물체 내의 수분과 양분이 토양 중으로 나와 체내 수분 부족으로 시들게 된다.

(3) 염류집적 증상

수박의 잎과 줄기에 생기가 없고 심하면 낮에는 시들고 저녁에는 다시 생기를 찾는데 이러한 증상이 며칠 동안 계속되다가 결국 말라 죽게 된다. 이는 농도장해로 인하여 작물의 뿌리가 수분을 흡수하지 못하여 낮 동안 증산작용으로 인한 수분 부족 때문이다. 이러한 수박을 뿌리째 뽑아 관찰해 보면 건전한 뿌리는 흰색을 띠지만 장해를 받고 있는 뿌리는 뿌리털이 거의 없고 길이가 짧으며 갈색으로 변한다. 염류가 집적된 토양은 물 주기를 해도 토양에 잘 침투하지 못하고 물이 토양의 표면에서 옆으로 흐르는 경우가 많다. 이와 같은 현상은 이어짓기하는 시설재배지에서도 흔히 볼 수 있는데 이는 염류가 많이 집적된 경우이다. 그 밖에도 염류가 집적된 토양은 작물을 재배하지 않고 방치하여 두면 겉흙에 흰가루(주로 질산화 칼리 또는 질산화 칼슘)가 나타나거나 푸른곰팡이 또는 붉은곰팡이가 발생한다. 붉은곰팡이가 발생하는 경우 염류 농도가 매우 높은 것이다.

라. 토양 물리성 악화

수박은 연작을 하면 토양 공극률이 떨어지고 입단* 형성이 파괴되어 작물 생육이 불량하게 된다. 또한 대형 농기계로 흙갈이를 할 경우 소위 딱딱한 경반층이 생기게 되어 작물 뿌리가 정상적으로 자라지 못해 상품 가치가 떨어지기도 한다.

마. 토양선충 밀도의 증가

선충은 100여 종이 되는 것으로 알려져 있으며 크게 외부 기생 선충과 내부 기생 선충으로 구분되고 1m^3 토양에 17만~2,000만 마리가 살기도 한다. 이렇게 선충 밀도가 높아지게 되면 기계적 상처로 인한 피해뿐만 아니라 작물체의 양분을 빨아먹기 위해 작물체에 유독한 효소를 분비하여 피해를 준다. 심하게 피해를 입히는 것은 뿌리혹선충이다.

바. 기타

기타 이어짓기 장해의 발생 원인으로는 토양의 산성화 및 알카리화에 의한 해나 각종 미량원소의 결핍·과잉 시 또는 유독물질의 축적과 작물 간의 상호작용이 있다.

TIP *입단(粒團) : 자연적으로 생성되는 토양 구조의 단위를 뜻한다. 모래, 점토 등 토양 입자가 미생물 활동 등으로 자연적으로 결합되는 현상

이어짓기 장해 경감 대책

가. 돌려짓기 실시

수박을 계속해서 동일한 재배지에서 재배를 하게 되면 이어짓기 장해가 발생하므로 박과 작물*이 아닌 다른 작물(가지과, 십자화과, 장미과)과 번갈아 가면서 재배를 하면 이어짓기 장해를 경감시킬 수 있다.
예) 수박+토마토, 수박+배추, 수박+딸기, 수박+벼

나. 병해충 방제의 철저

저항성 대목을 이용한 접목재배와 적절한 시기의 농약(농약안전정보시스템 기준 수박 등록 약제) 살포, 전염원의 조기 제거나 전염경로 차단을 위한 섞어짓기, 사이짓기 등을 실시한다.

다. 적절한 토양관리

비료량의 적정화와 유기물 증시로 안정적인 작물생산이 가능하도록 하여야 하는데 과도한 금비 이용은 작물생육을 해칠 뿐만 아니라 자원의 낭비이고 환경오염을 가중시키는 원인이 되므로 토양분석을 통한 사전 토양진단으로 필요한 만큼의 비료를 주는 처방기술이 요구된다. 이어짓기를 통해 결핍되기 쉬운 성분은 붕소(B), 몰리브덴(Mo), 칼슘(Ca)으로 이러한 성분이 부족하게 되지 않도록 적절한 비료 주기 관리가 필요하다. 즉 많은 양의 비료 주기를 피하고 농도에 따라 비료량을 과감히 줄인다. 비료에 따른 장해의 정도는 같은 비료량이라도 암모니아염 〉 카리염 〉 인산염의 순이고 황산염보다 염화물, 고농도보다 저농도, 유기질 비료보다 무기질 비료가 염류 농도를 높이는 경향이 있다. 염화가리는 황산가리보다 염류 농도를 높이는 경향이 있는데 부성분인 황산은 토양중의 석회나 탄산석회와 반응하여 석고(황산석회)가 되기 때문에 비료량 증가에 비하여 염류 농도가 증가하지 않는다.

저온기에는 비료를 다량 사용하지 않도록 한다. 특히 시설재배지는 저온기에 아주심기를 하는데 이때에는 초산태 질소를 시용하는 것이 좋다. 토양을 소독할 때는 토양미생물의 활동 억제와 비료의 미생물에 의한 분해·고정이 늦어지고 토양의 흡착이 나빠지기 때문에 토양의 염류 농도가 높아지기 쉬우므로 비료를 많이 시용하지 않도록 한다. 또한 토양이 비료양분을 흡착하고 토양용액의 농도를 높이지 않도록 하기 위해서는 염기치환용량(CEC)을 높이는 것이 좋다.

라. 염류집적 방지

(1) 수세(담수)

보비력(땅이 비료 성분을 오래 지니는 정도)이 낮은 모래땅은 염류가 적게 집적되어도 바로 염류장해가 발생하고 담수하면 비교적 빨리 제염되지만 점토함량이 높은 토양은 모래땅보다 염류집적이 느리고 담수를 해도 제염효과가 느리다. 최근 물을 쉽게 얻을 수 있는 지대에서는 물대기 또는 물가두어두기(담수)를 하여 염분을 제거하는 곳이 많다. 하층으로 침투가 잘되지 않는 곳에서는 다시 염류가 표층으로 상승할 우려가 있으므로 사전에 배수 시설을 하는 것이 좋다. 즉 갈이흙(작토) 밑 일정한 깊이에 배수관을 묻고 많은 양을 물대기하여 세척수가 그 관을 통하여 배수되도록 하면 자연토양에서보다 훨씬 많은 염류를 세척하여 그 집적을 막을 수 있다. 담수는 1회에 100mm 내외를 하여 2회 이상 반복하여야 한다.

(2) 제염작물의 재배

하우스재배는 휴한기를 이용하여 단기간 옥수수, 수수, 이탈리안라이그라스 등을 재배하여 제염하는 방법이 효과적이다. 청예옥수수를 재배하여 염류를 제거한 결과 옥수수 생초 1톤당 질소 3kg, 인산 0.5kg, 칼리 4kg, 칼슘 2kg, 마그네슘 1kg이 제거된다고 한다. 만일 10a당 7톤의 생초가 얻어진다면 하우스 밖으로 반출되는 양은 질소 21kg, 칼리 28kg으로 상당한 양에 달하며 이것을 방출하면 제염효과가 커진다.

마. 환토, 심토반전, 심경, 객토 등 실시

토양의 염류는 표층에 많이 집적되어 있고 아래층에 적게 집적되어 있다. 따라서 표층의 흙을 새 흙으로 바꾸거나 아래층의 흙을 위로 올리는 심토반전, 새 흙을 표토의 흙과 혼합하는 객토 등의 방법이 있다. 염류가 집적된 시설하우스 토양을 작물 휴한기에 토양의 염류가 겉흙에 축적되도록 건조시켜 겉흙층 3cm를 환토한 결과 무처리에 비하여 겉흙의 염류 농도가 60% 정도 낮아졌다. 또한 표층

> TIP *박과작물 : 수박, 오이, 참외, 멜론, 애호박 등 호로과(葫蘆科) 작물을 말함

토 60cm를 심토반전하여 겉흙과 속흙의 염류 농도와 질산태 질소의 농도 변화를 보면 물대기에 의한 제염방법보다 제염효과가 현저하게 높다. 객토 등의 방법으로 새 흙이 혼입될 때에는 작토의 비옥도가 낮아지므로 또다시 비료를 시용해야 하고 4~5년을 계속해서 과다하게 비료 주기를 하면 다시 염류가 집적되어 많은 비용을 투입한 작업의 효과가 없게 된다.

바. 토양의 이화학적 성질 개선

양질의 유기물은 가능한 한 많이 주고 심토파쇄기를 이용한 경반층 파괴와 알파파 같은 깊은 뿌리성 작물을 주는 것, 아울러 토양 진단에 따른 합리적인 비료 주기를 행한다.

사. 토양소독

시설재배의 경우에는 여름철 태양의 열을 이용한 열소독 등의 방법을 행하는 것이 바람직하다. 즉 햇빛이 강한 여름철에 하우스 내의 두둑을 깊이 갈아 만들고 비닐로 피복한 다음 물을 대고 12~20일 동안 밀폐해 두면 토양표면 온도가 30~60℃까지 올라가서 병원균을 사멸시키는 방법이다. 특히 요즘 연작지에서 문제가 되고 있는 선충의 피해를 줄이기 위해서는 살선충제의 사용을 들 수 있다. 이 외에도 곰팡이 또는 선충을 사멸시킬 수 있는 알파터시에닐이라는 물질을 분비하는 화초의 일종인 메리골드를 심어서 선충의 증식을 억제시킬 수 있다. 따라서 심는 차례(작부체계)를 지역 특성에 알맞게 세울 필요가 있다.

핵심만 콕콕!!

제7장
수박의 생리 및 이어짓기 장해

1 열매에 나타나는 생리장해

▶ 열과 / 육질악변과 / 일소과 / 공동과 / 황대과 / 변형과(기형과) 등

2 잎과 줄기에 나타나는 생리장해

▶ 급성시듦증 / 잎마름증 / 순멎이 / 웃자람 등

3 영양장해

▶ 마그네슘결핍증 / 칼리결핍증 / 칼슘결핍증 / 붕소결핍증

4 이어짓기(연작) 장해

▶ 발생원인 : 토양 전염성 발생 증가, 토양 양분의 과부족, 토양의 염류집적, 토양 물리성 악화 등

▶ 이어짓기 장해를 줄이기 위해서는 수박+ 벼, 수박+ 배추 등 몇 가지 작물을 규칙적으로 반복재배한다. 또한 병해충 방제와 적절한 토양관리, 염류집적 방지 등의 방법이 있다. 토양소독법으로는 토양소독제 이용보다 증기소독, 태양열소독 등을 하는 것이 바람직하다.

제8장 수박 병해충 방제

1. 병해충 발생상황
2. 병해 발생의 구성
3. 주요 병해충의 발생생태와 방제법

1. 병해충 발생상황

노지수박이 주를 이루던 1990년대에는 강우의 영향을 많이 받는 역병과 탄저병, 덩굴마름병 피해가 많았다. 최근에는 시설재배 면적이 급격히 늘어나고 연중 재배가 이루어지면서 저온기에 주로 발생하는 균핵병, 고온기에 많이 발생하는 흰가루병 등으로 발생양상이 바뀌어가고 있다. 또한 시설재배 시 같은 장소에서 계속해서 수박을 재배하기 때문에 바이러스(CGMMV, MNSV 등)와 선충이 지속적으로 발생하고 있어 오히려 노지재배에 비하여 병해충 방제에 어려움을 겪고 있다.
재배 방식별 주요 병해 발생을 보면 촉성재배와 반촉성재배는 균핵병과 덩굴마름병이 많이 발생하고 억제재배는 흰가루병의 발생이 많으며 노지재배는 착과 후 과실의 비대기가 여름철 장마기와 겹쳐 역병, 탄저병, 덩굴마름병 등이 많이 발생한다.
이와 같이 다양한 형태의 재배 방식이 도입되어 연중 생산이 가능하여 소비자의 욕구를 충족시키고 있지만 밀폐된 환경에서 지나친 고온과 너무 많은 습기, 저온 등으로 인하여 병해충 역시 연중 발생하고 있어 적절한 재배 관리가 요구된다.

2. 병해 발생의 구성

병해 발생 조건은 첫째, 병원균이 있어야 하고 둘째, 병원균이 침입·증식·감염하는 데 알맞은 재배 환경이 조성되어야 하며 셋째로 식물체가 병에 걸리기 쉬운 상태로 되어 있을 때이다. 이들 중 어느 한 가지 요소가 빠지게 되면 병은 걸리지 않게 되고 재배자는 이 점에 착안하여 재배적 조치를 잘하는 것이 중요하다.

병원균

병원균이란 병을 일으키는 병원체를 말하며 곰팡이, 세균, 바이러스, 바이로이드, 파이토플라즈마 등이 이에 속한다.

가. 곰팡이(眞菌 : Fungus)

곰팡이는 진균(眞菌)이라고도 하며 병원균 중에서 종류가 가장 많아 10만 종이 넘으며 거의가 죽은 유기물을 분해하여 이를 영양원으로 활용하면서 살고 있다. 이들 중 50여 종은 동물의 피부병을 8,000여 종은 식물에 병을 일으킨다. 또한 인류에게 유익한 효모균과 식용버섯류도 곰팡이에 속한다. 수박에서는 탄저병, 덩굴마름병, 덩굴쪼김병, 역병, 잘록병, 흰가루병, 뿌리검은점썩음병, 균핵병, 점무늬병 등이 있다.

나. 세균(細菌 : Bacteria)

세균은 가장 원시적인 생물의 하나로 현재 1,600여 종이 알려져 있다. 이들도 썩은 부식질을 영양원으로 하고 있고 인간 생활의 잔재물을 분해해주고 있다. 이들 세균집단 중에는 인간에게 질병을 일으키는 폐결핵, 장티푸스, 콜레라 등이 있으며 수박에서는 세균성 과일썩음병(Bacterial Fruit Blotch)이 발생하고 있다.

다. 바이러스(Virus)

바이러스는 지금까지 살펴본 곰팡이나 세균보다 훨씬 작은 병원체로 전자현미경으로서만 관찰이 가능하고 살아 있는 생명체에서만 증식이 가능한 특징을 가지고 있다. 수박에서는 오이모자이크바이러스(CMV), 수박모자이크바이러스(WMV), 파파야윤문반점바이러스(PRSV), 오이녹반모자이크바이러스(CGMMV), 멜론괴저반점바이러스(MNSV) 등이 보고되고 있다.

라. 기타

감자갈쭉병을 일으키는 바이로이드(Viroid), 대추나무빗자루병을 일으키는 파이토플라즈마(Phytoplasma) 등이 있으나 아직 수박에는 발병이 보고된 바 없다. 이들 중 수박에 병을 일으키는 병원균은 곰팡이, 세균, 바이러스이다. 이들 병원균은 수박을 재배하는 지역의 밭 또는 공기 중에 다수 분포하고 있어 재배 환경이 병원균의 증식조건에 적합한 환경이 되면 병이 발생하게 된다.

재배 환경

병의 발생은 재배 환경 조건과 밀접한 관계를 가지며 앞에서 언급한 바와 같이 발병 정도는 병원체, 식물체[식물병리학에서는 기주(寄主)라고 함], 환경의 조합에 따라 좌우된다. 환경조건은 크게 기상환경, 토양환경 그리고 재배 방법 등을 들 수 있다.

가. 기상환경

(1) 온도

온도는 병원균의 발육, 증식 및 기주(寄主)인 수박의 생육에 영향을 미친다. 수박의 병해는 발병적온이 20~30℃ 범위로 덩굴쪼김병·역병·바이러스병 등은 고온에서, 덩굴마름병·탄저병·균핵병 등은 저온에서 발병이 많다. 특히 대부분의 역병은 저온에서 많이 발생하나 수박역병은 고온성이다.

〈표 8-1〉 주요 병해의 발병적온

병명	적온(℃)
덩굴쪼김병	27~28
덩굴마름병	20~24
탄저병	23 내외
역병	28~30
균핵병	15~20
흰가루병	25 내외
잘록병	25~30
바이러스병	27~28

(2) 습도

병원균이 작물체 내에 침입할 때는 높은 상대습도를 필요로 한다. 오이 잎에 상처를 낸 후 덩굴마름병 병원균을 접종했을 때 상대습도 95%에서는 발병률이 52.1%를 보였으나 상대습도 60%에서는 5.6%로 발병률이 아주 낮았다. 즉 상대습도와 병 발생과는 매우 밀접하다고 볼 수 있다.

〈표 8-2〉 상대습도와 덩굴마름병 발생 정도(Van, 1985년)

상대습도	95%	60%
발병률(%)	52.1	5.6

(3) 빛

광선이 부족하면 광합성 작용이 원활하지 못하여 당 및 단백질의 함량이 낮고 암모니아, 아마이드와 같은 가용성 질소 함량이 증가하는데 이는 식물체가 병균의 영양에 알맞은 상태로 변하기 때문이다. 특히 시설재배는 자연 상태보다 빛이 부족하고 자외선 투과가 적기 때문에 작물이 연약하게 자라 병의 저항성이 떨어지고 약제에 의한 피해가 나기 쉽다. 빛 이용도를 높이려면 적정한 잎 수를 확보하고 잎이 빛을 많이 받을 수 있게 공간적으로 균일하게 분포하도록 하며 잎자루가 짧은 것이 좋다. 또한 잎의 끝부분이 처지지 않고 바로 설 수 있도록 질소, 인산, 칼리의 균형시비를 하고 미량요소가 결핍되지 않도록 한다.

(4) 바람

바람은 병원균의 씨[포자(胞子)]를 멀리 분산 전파시키며 식물체의 기계적 상처를 초래하여 병원균의 침입을 쉽게 한다.

나. 토양환경

(1) 토양습도

토양습도는 토양 속의 병원균의 활동과 기주체인 수박의 저항성에 영향을 미친다. 토양에 습기가 많을 때는 역병, 과실부패병, 잘록병 등의 발생이 많다. 역병균과 과실부패병균은 유주자(遊走子)라고 하는 균씨(포자)가 물속을 헤엄쳐 이동하여 작물의 뿌리를 통해 침입하여 병을 일으키므로 토양 내 수분의 유무는 병 발생에 큰 영향을 미친다. 따라서 이랑의 두둑을 높이 하여 물 빠짐을 원활하게 하는 것이 병 발생을 줄이는 요점이 된다. 또한 토양이 건조할 때는 푸사륨속의 균(수박에서는 덩굴쪼김병을 일으킴)이 발생하기 쉬운데 오이의 경우 덩굴쪼김병은 오이가 자라기에 알맞은 토양습도보다 건조할 때 발생률이 높다.

(2) 토양온도

촉성재배 또는 반촉성재배와 같이 저온기에 수박이 재배될 때는 균핵병, 잘록병, 탄저병, 덩굴마름병의 발생이 많다. 이는 이들 병원균의 생육적온이 저온이기 때문이며 고온성 작물인 수박은 토양 온도가 낮으면 생육상태가 불량해져 식물체의 병에 대한 저항성이 낮아지기 때문이다.

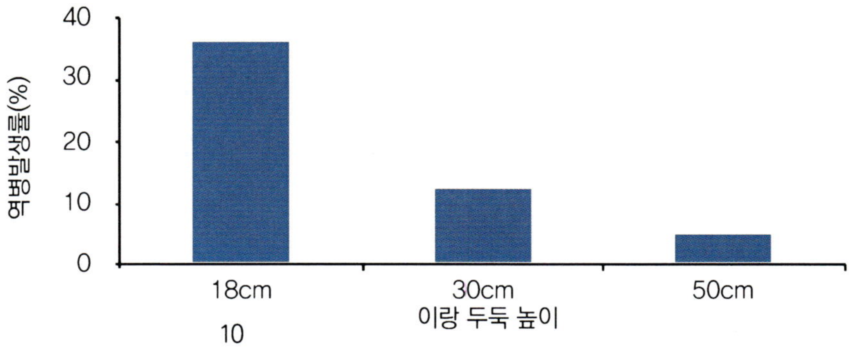

〈그림 8-1〉 이랑두둑 높이와 역병 발생과의 관계

(전라북도농업기술원 과채류연구소 수박시험장, 1997년)

(3) 토양반응

토양의 산성 또는 알칼리성 정도를 말하며 토양반응에 따라 병해 발생이 달라지는데 덩굴쪼김병(만할병)은 산성토양에서 발생이 심하다.

(4) 비료

영양과 병 발생과는 매우 복잡하고 일정한 관계를 논하기는 매우 어렵다. 일반적으로 질소 비료를 많이 주었을 경우 병이 많이 발생하나 질소가 결핍되어도 병이 발생하는 경우도 있다. 질소 과다 시 덩굴이 웃자라 잎이 바로 서지 않기 때문에 수광태세가 나빠지게 되며 군락 내 통기불량 및 과습 상태로 유지되어 병 발생에 좋은 조건이 된다. 마그네슘이 결핍될 경우에는 잎마름증(잎말이탄저라고도 함)이 발생하며 각종 미량성분이 결핍하게 되면 병에 대한 저항성이 떨어져 병 발생이 많아진다. 또한 양액에 규산을 첨가하여 재배할 경우 흰가루병의 발생이 적은 것으로 보고되었다.

〈표 8-3〉 배양액에 규산 첨가와 흰가루병 발생(국립원예특작과학원, 1998년)

처리농도(mg/L)	병반수(개/잎)	병반면적(㎠)	분생 포자발아율(%)
123	88	9.3	14.7
262	41	4.1	12.4
524	23	1.9	13.1
무처리	241	36.1	18.6

(5) 토양 미생물

토양에는 조류, 사상균, 방선균, 박테리아, 효모, 바이러스 등 많은 종류의 미생물이 살고 있다. 이들 중 식물에 병을 일으키는 유해 미생물은 100여 종에 이르고 나머지 수백여 종은 유익 미생물로 이들은 유해 미생물, 즉 병원균의 작용을 억제하는데 이러한 작용을 길항작용이라 한다.

다. 재배 방법

재배 방식에 따라서 병해 발생양상이 달라지고 하우스 억제작형의 경우 아주심기 초기가 고온기이므로 약해에 의한 피해도 종종 발생한다. 또한 밀식재배하거나 질소질 비료의 과용으로 덩굴이 무성할 때는 통풍불량으로 흰가루병, 덩굴마름병 등이 많이 발생한다.

이어짓기 재배는 염류장해뿐만 아니라 각종 토양병원균(덩굴쪼김병, 균핵병, 잘록병, 역병, 바이러스병)의 밀도가 높아져 병 발생이 많아진다. 1998년 에프알킹투(FR KingⅡ) 대목으로 접목한 수박에서 오이녹반모자이크바이러스병(CGMMV)이 발생하였을 때 에프알킹투 대목으로 접목한 대부분의 농가가 기르던 중 폐기처분을 했다. 그러나 이미 수박이 많이 자란 상태에서는 폐기시키기도 어려워 계속 재배한 농가들 중 대부분은 바이러스병으로 많은 피해를 보았다. 그 중 몇 농가는 덩굴치기 등의 작업을 할 때 자주 손이나 기구를 소독하면서 작업하였는데 그 농가의 수박은 피해가 아주 적었다. 이와 같이 재배적 조치들도 병 발생 양상을 달라지게 한다.

또한 시설재배에서 아주심기할 때 피복비닐을 일(-)자로 찢기 한 재배지에서는 지제부에 덩굴마름병이 발생하지만 원형(ㅇ)으로 찢기 한 경우 발생하지 않았다. 병 발생과 수박잎의 상처는 아주 높은 상관관계가 있다.

〈표 8-4〉 피복비닐 찢기 방법과 덩굴마름병 발생과의 관계(국립농업과학원, 1999년)

찢기 방법	재배지 비율(%)	덩굴마름병(이병주율,%)
일자 찢기	41.9	45.8
원형 찢기	58.1	0

〈표 8-5〉 잎의 상태와 상처유무에 따른 덩굴마름병 발생(Arny 등, 1991년)

구분	상처 남(%)	상처 나지 않음(%)
잎이 젖어 있음	42.2	1.6
잎이 젖어 있지 않음	7.8	1.0

〈표 8-6〉 노지재배 시 재배 방법과 덩굴마름병 발생(국립원예특작과학원, 1997년)

구분	재배형태		이랑 높이(cm)		경사위치		물 빠짐 정도	
	노지	비가림	50 미만	50 이상	저지대	고지대	불량	양호
발생률(%)	32.7	5.0	24.1	7.9	23.2	7.8	11.8	5.5

즉 잎이 젖어 있는 상태에서 상처가 났을 경우 덩굴마름병이 42.2%의 발병을 보이지만 상처가 나지 않을 경우는 1.6%의 낮은 발병률을 보이고 있다. 또한 상처가 났을 경우에는 잎이 젖어 있지 않으면 7.8%로 발병률이 낮아지므로 흙갈이

작업을 할 경우 맑은 날 습도가 낮을 때나 잎에 물기가 마른 후에 작업을 실시하면 병 발생을 크게 낮출 수 있다.

식물체

병이 발생하기 위해서는 병원균이 있고 재배 환경이 병을 일으킬 수 있는 조건이 필요한데 이와 같은 조건에서도 병이 발생되지 않을 때는 식물체가 병에 대한 저항성이 있을 때이다.

식물의 종류나 품종에 따라서 병원체가 침입하여도 병에 걸린 증상을 볼 수 없거나 병반이 아주 적을 때가 있는데 이와 같이 병원체의 작용을 억제하는 식물체(기주)의 능력을 저항성이라고 한다. 병 저항성을 보이는 것은 식물체의 껍질(각피)이 두껍거나 발달한 경우, 식물 즙액 속에 저항성 물질이 있는 경우에서 병원체가 침입하면 식물체의 세포가 급격히 반응하여 죽어버려 병원균의 생육이 저지되거나 불활성화되는 것이다. 저항성을 이용하여 작물의 병을 성공적으로 대처한 것은 벼에서 도열병, 줄무늬잎마름병(호엽고병)을 들 수 있다. 수박의 경우 탄저병에 대한 저항성 품종이 국립원예특작과학원과 전라북도농업기술원 과채류연구소 수박시험장에서 육성되었으나 덩굴마름병이나 역병 등에 대한 효과적인 저항성 품종을 육성하지 못하고 있으며 최근 이에 대한 연구가 꾸준히 진행되고 있다.

3. 주요 병해충의 발생생태와 방제법

덩굴마름병

가. 증상

- 덩굴 : 지표면 부위에 침해가 쉽고 마디가 수침상으로 퇴색하며 갈색점액이 유출되고 다갈색, 회백색으로 갈라지며 심할 때는 말라 죽는다.
- 잎 : 잎 가장자리에 병반이 형성되며 잎, 잎자루, 덩굴에 침입하면 마르고 부서진다.
- 잎, 덩굴 병반상에 바늘귀 모양의 작은 흑점이 형성된다.

나. 발병요인

- 발병적온 : 20~24℃
- 반촉성재배 : 3~4월 강우 시 하우스 내에 습도가 상승하여 과포화상태로 되었을 때 또는 덩굴, 잎이 무성하여 통풍불량일 때 병원균이 지표면을 통해 침입한다.
- 조숙터널재배 : 터널비닐 제거 시 따뜻한 공기가 포기 밑에 스며들거나 강우시(터널 밀폐) 과습상태일 때 병원균이 땅과 닿는 부분(지제부)을 통해 침입한다.
- 노지재배: 고온다습, 빽빽하게 심는 밀식재배 시 발생한다.

〈그림 8-2〉 어린모 피해, 잎과 지제부 병증

다. 방제대책

- 돌려짓기, 건전모 아주심기, 물빼기를 철저히 한다.
- 수확 후 잔재물을 안전히 제거한다.
- 포기 밑의 멀칭 구멍을 잘 막고 노숙 잎을 제거하여 통풍을 양호하게 한다.
- 병든 포기를 제거하고 발병이 심하면 2~3년간 돌려짓기를 한다.
- 약제는 방제 전에 농촌진흥청 농약안전정보시스템(psis.rda.go.kr) 등에서 농약 최신 등록 사항과 안전 사용 기준을 반드시 확인·준수하고 안전하게 살포한다.

탄저병(炭疽病)

가. 증상

- 떡잎, 어린 덩굴에 방추형이나 원형의 암백색반점이 생기며 병이 진전되어 병무늬(병반) 부위가 마르면 동심원상의 작은 겹무늬 또는 검은점이 생기고 심하면 구멍이 생긴다.
- 잎자루, 덩굴, 과일 꼭지에 움푹 꺼진 암갈색의 타원형이나 방추형의 병반이 생기며 점차 병환부 끝부분이 말라 들어간다.
- 과일은 작은 반점이 생기다가 점차 움푹 꺼지며 병환부에서 담녹색의 점질물질(포자덩어리)이 분비되기도 하고 연화되어 부패한다.

나. 발병원인

- 강우가 지속되고 저온일 때 많이 발생한다.
- 어린 모종기부터 수확기까지 발생하고 출하·저장 중에도 발생한다.
- 병원균은 6~32℃에서 생존하고 30℃ 이상에서는 약화된다.

〈그림 8-3〉 (왼쪽부터 순서대로) 탄저병 잎, 줄기, 과실 병증

다. 방제대책

- 질소질 비료의 과다 사용을 피하고 균형 있게 비료를 준다.
- 덩굴이나 잎 등의 식물체와 토양의 직접 접촉을 피한다.
- 약제는 방제 전에 농촌진흥청 농약안전정보시스템(psis.rda.go.kr) 등에서 농약 최신 등록 사항과 안전 사용 기준을 반드시 확인·준수하고 안전하게 살포한다.

역병(疫病)

가. 증상

- 어린 모종, 덩굴, 과일에 발생하며 6~7월의 강우 시에 발생이 심하다.
- 잎에는 유침상 암녹색 병반이 생기다가 중앙부가 적갈색으로 변하며 강우기에는 전체가 연화하여 부패한다.
- 덩굴은 흙과 닿는 부분이 연화 부패하고 발병 부위 위쪽이 말라죽으며 논에서 재배할 때 덩굴 끝이 이랑에 놓여 물과 닿게 되면 많이 발병한다.
- 과일은 2cm 이상 크기의 병반이 형성되어 암갈색 유침상 대형 병반으로 확대되다가 결국은 과실 전체가 연화하여 부패한다.

〈그림 8-4〉 (왼쪽부터 순서대로) 역병 줄기 증상, 과실 초기 및 후기 증상

나. 발병원인

- 물 빠짐 불량에 의한 습기가 많은 재배지에서 많이 발생하며 밭보다 논재배 시 발생이 많다(물은 전염의 매개체이다).
- 병원균 증식온도는 10~37℃(최적 28~30℃)이며 2개 편모를 가진 유주자(游走子)가 물속을 헤엄쳐 다니다가 덩굴, 잎, 과일의 표면에 부착하여 침입한다.
- 질소과다에 의하여 통기가 불량하고 과습할 경우 발생이 심하다.

다. 방제대책

- 돌려짓기를 하거나 덩굴이 직접 흙과 닿지 않도록 유인한다.
- 재배 토양의 물 빠짐 관리에 유의한다(이랑과 이랑 중앙부를 높게 한다).
- 이어짓기와 질소질 비료의 편용을 피하며 약제 살포는 병 발생 초기에 예방적으로 이루어져야 한다.
- 약제는 방제 전에 농촌진흥청 농약안전정보시스템(psis.rda.go.kr) 등에서 농약 최신 등록 사항과 안전 사용 기준을 반드시 확인·준수하고 안전하게 살포한다.

흰가루병(白粉病)

가. 증상

- 수박에는 발생이 적은 것으로 보고되고 있으나 시설재배와 터널재배에서 특히 여름과 가을재배 시 많이 발생한다.

- 하우스재배 시 4월 상순부터 아래쪽 잎에서 위쪽 잎으로 잎의 표면과 뒷면, 잎자루와 덩굴 등에 백색의 가루가 덮이고 나중에는 얼룩무늬가 되며 심하게 발생하면 변색하여 말라 죽게 된다.

〈그림 8-5〉 흰가루병 발병 증상(초기, 후기, 고사)

나. 발병원인

- 병원균의 포자 발아 조건은 적온 25℃, 습도 98% 이상 고온 상태에서 과습과 건조가 반복 시 발생이 많다.
- 분생포자의 포자 이탈이 낮 사이에 많이 이루어진다.
- 병원균 포자의 잎 부분 낙하가 수평면에 많고 수직으로 되어감에 따라 감소하며 잎이 수평으로 처져 있을 때 발생하는 경우가 많다.
- 다습조건에서는 발병이 촉진되나 잎 위에 물방울이 있으면 발병이 억제된다.
- 비닐하우스의 필름이 더럽혀져 광선투과가 나쁠 때 질소 비료를 과용하여 잎과 덩굴이 웃자랄 경우, 일교차가 큰 경우에 많이 발생한다.

다. 방제대책

- 병에 걸린 수박 잔재물을 안전하게 제거한다.
- 약제는 방제 전에 농촌진흥청 농약안전정보시스템(psis.rda.go.kr) 등에서 농약 최신 등록 사항과 안전 사용 기준을 반드시 확인·준수하고 안전하게 살포한다.

균핵병(菌核病)

가. 증상

- 수박의 꽃이 달렸던 열매부위에 솜털 같은 곰팡이가 발생한다.
- 과습 시 수박에서 진물이 흘러나오는 경우도 있다.
- 줄기가 무름 증상과 함께 마르게 되며 흰곰팡이가 피다가 검은색의 균핵이 생긴다.

나. 발병원인

- 균핵이 토양 속에 있다가 온도가 낮을 때 발아하여 포자가 바람에 날려 발생한다.
- 발병적온은 15~20℃로 하우스 억제재배 시와 촉성재배 시 많이 발생한다.

〈그림 8-6〉 균핵병 줄기 및 과실 증상

다. 방제대책

- 발병이 증가하는 이어짓기는 피한다.
- 여름에 하우스 안에 물을 담아 균핵을 부패시킨다.
- 담수 후 폴리에틸렌필름(PE)으로 덮고 하우스를 여름에 1개월간 밀폐해서 태양열을 통한 토양소독을 하면 효과적이다.
- 하우스 내의 습도를 낮추어 준다.
- 약제는 방제 전에 농촌진흥청 농약안전정보시스템(psis.rda.go.kr) 등에서 농약 최신 등록 사항과 안전 사용 기준을 반드시 확인·준수하고 안전하게 살포한다.

과일썩음병(果實腐敗病)

가. 증상

- 잎에서는 수침상의 작은 반점으로 나타나고 진전되면 병반이 부정형으로 확대된다.
- 과실 표면에 암녹색의 반점이 나타나고 세로로 점차 커지다가 그 부분이 트게 되며 과실 내부가 썩어서 내용물이 새어 나온다.

나. 발병원인

- 고온다습한 환경에서 많이 발생한다.
- 1차 전염은 종자나 재배지에 남아 있던 식물체의 병든 잔재물이 다음 해의 발생 원인이 되며 2차 전염은 접목 또는 물대기 작업 시 주변 건전한 모종에 전염되기도 한다.

〈그림 8-7〉 세균성 과일썩음병 잎 및 과실 증상

다. 방제대책

- 고온다습한 환경이 되지 않도록 관리하며 잔재물을 철저히 제거한다.
- 약제는 방제 전에 농촌진흥청 농약안전정보시스템(psis.rda.go.kr) 등에서 농약 최신 등록 사항과 안전 사용 기준을 반드시 확인·준수하고 안전하게 살포한다.

바이러스병

가. 증상

- 잎이 퇴색하며 모자이크 증상이 나타나고 혹 모양의 녹색 돌기가 생긴다.
- 과육이 무르고 황색 섬유질 또는 피수박이 생기기도 한다.

나. 발병원인

- 수박에 발생하는 바이러스병은 오이모자이크바이러스(CMV), 수박모자이크바이러스(WMV), 파파야원문반점바이러스(PRSV), 오이녹반모자이크바이러스(CGMMV), 멜론괴저반점바이러스(MNSV) 등 알려져 있는데 이 중 오이 녹반모자이크바이러스의 피해가 가장 크다.
- 오이모자이크바이러스, 수박모자이크바이러스, 파파야원문반점바이러스는 진딧물 등 매개충에 의해 전염되고 오이녹반모자이크바이러스와 멜론괴저반점바이러스는 병든 식물체의 즙액 또는 종자와 토양에 의해 전염된다.

〈그림 8-8〉 CGMMV 잎병증 / CGMMV 과실피해 / MNSV 잎병증 / MNSV 과실피해

다. 방제대책

- 박과 작물 외의 다른 작물로 돌려짓기를 한다.
- 종자소독과 모판흙을 철저히 소독하며 병든 포기는 초기에 제거한다.
- 작업 전후에는 반드시 손을 씻고 접목 시 면도날에 의해서도 전염되는 수가 있으므로 접목기구를 탈지분유 10%액이나 아인산염 또는 불꽃에 반드시 소독한다.
- 수박 모종을 탈지분유 10%액에 담근 후 아주심기 하면 효과적이다.

〈그림 8-9〉 수박 모종 아주심기 시 탈지분유 침지효과(국립원예특작과학원, 1999년)

응애(점박이응애)

가. 피해증상

- 응애의 종류는 매우 많으나 수박에 피해를 주는 것은 점박이응애가 대부분이고 차응애도 발생하는 것으로 알려져 있다.
- 발생 초기에는 밀도가 낮아 발견이 곤란하며 잎 표면에 백색의 작은 반점이 나타나고 밀도가 증가하면 잎 뒷면에 성충과 약충이 무리지어 기생하기 때문에 잎이 위축 또는 기형으로 되거나 누렇게 변색되어 말라죽고 아래쪽 잎에서 발생하여 위쪽 잎으로 이동한다.
- 응애는 크기가 0.3~0.5mm로 매우 작으며 조건이 좋으면 알에서 성충까지 1세대에 경과하는 기간이 매우 짧아지며 1년에 8세대 이상 반복한다.

〈그림 8-10〉 응애 피해증상(초기, 중기, 극심)

나. 형태

- 성충은 암컷 0.4mm, 수컷 0.3mm 내외이며 몸통 좌우에 검은 무늬가 있다(점박이 응애).
- 30℃ 이상 고온일 때, 강우가 적고 기상이 건조할 때 많이 발생한다.

다. 방제

- 완전 방제가 어려우며 발생 초기(잎당 1~2마리)에 철저히 방제한다.
- 잎의 표면보다 뒷면에 많으므로 뒷면에 약액이 묻도록 충분히 살포한다. 약에 대한 내성이 생기기 때문에 적용약제를 번갈아 살포한다.
- 발생이 많은 경우 농약 안전 사용 기준의 가능한 범위 내에 횟수와 간격을 조정해서 살포한다.

진딧물(목화진딧물, 복숭아진딧물)

가. 피해증상

- 오이모자이크바이러스와 수박모자이크바이러스의 매개충으로 심할 경우 잎이 위축되고 줄기의 신장이 억제되며 그을음 증상이 발생한다.

〈그림 8-11〉 진딧물 피해증상(초기, 중기) 및 진딧물

나. 목화진딧물 형태

- 날개가 없는 암컷의 크기는 1.1~1.9mm이고 몸 색은 황색·황록색·녹색·청록색·흑갈색으로 변화가 심하다.
- 날개가 있는 암컷 성충은 약간 작으며 녹색~담녹색으로 가슴 부위는 흑색이다.

다. 방제

- 발생 전 예방이 중요하며, 아주심기 전 목화진딧물 등의 피해를 줄이기 위해 파구 처리로 사용 방법이 등록된 약제를 농약 안전 사용 기준에 따라 처리한다.
- 날개 있는 성충이 활동하는 5~6월경에 육묘 시 바이러스병의 예방을 위해 농약 안전 사용 기준의 가능한 범위 내에 횟수와 간격을 조정해서 살포하되, 작용 기작이 다른 약제를 번갈아 살포하여 약제 저항성을 최소화시킨다.

목화바둑명나방(작은각시들명나방)

가. 피해증상

- 유충은 잎 뒷면을 갉아먹으며 성장함에 따라 잎을 휘감고 그 속에서 갉아먹는다.
- 과일의 껍질을 갉아먹어 상품의 가치를 떨어뜨린다.

〈그림 8-12〉 잎 및 과피를 가해하는 성충

나. 형태

- 유충은 머리 부분이 담갈색, 몸통 부분은 담녹색이며 등면은 좌우에 2줄의 흰색 선이 있다.
- 유충은 다 자라면 23~25mm, 성충은 몸길이가 10mm 정도이며 날개를 편 길이는 22~25mm 정도이다.
- 앞날개의 가장자리와 뒷날개의 바깥 가장자리는 폭이 넓은 흑갈색이며 그 외의 부분은 반투명하다.
- 1회 성충은 6월경에 발생하고 2회 성충은 7월 하순경에 발생하는데 발생 최성기는 8월 하순과 9월 하순경이다.

다. 방제

- 다 자란 유충은 폭식을 하기 때문에 일찍 발견하여 발생 초기에 약제를 살포하고 잎 뒷면에서부터 갉아먹기 때문에 약액이 잎 뒷면까지 묻도록 살포한다.
- 약제는 방제 전에 농촌진흥청 농약안전정보시스템(psis.rda.go.kr) 등에서 농약 최신 등록 사항과 안전 사용 기준을 반드시 확인·준수하고 안전하게 살포한다.

파밤나방

가. 피해증상

- 잎을 갉아먹기 때문에 피해흔적이 남으며 발생이 많을 때는 유충이 잎을 포식하므로 피해가 크다.
- 과일의 표피를 갉아먹어 상품가치를 떨어뜨린다. 유충은 잡식성이므로 화훼류는 물론 채소, 전작물 등과 잡초류도 가해한다.

〈그림 8-13〉 잎 및 과피의 피해증상

나. 형태

- 노숙 유충은 35mm 정도이며 몸 색은 변이가 심하여 황록색 또는 흑갈색을 띠나 보통은 녹색이다.
- 성충은 5월부터 나타나 10월까지 발생하는데 크기는 8~10mm 정도로 앞날개는 폭이 좁고 황갈색을 띠며 날개 중앙에 청백색 또는 황색의 점과 콩팥 모양의 무늬가 있다.

다. 방제

- 부화 직후의 유충은 약제방제 효과가 높으나 어느 정도 자란 이후의 유충은 방제가 매우 어렵다.
- 성충의 발생 상황에 따라 부화 직후의 어린 유충을 대상으로 파밤나방에 등록된 약제를 살포하여 방제한다.
- 약제는 방제 전에 농촌진흥청 농약안전정보시스템(psis.rda.go.kr) 등에서 농약 최신 등록 사항과 안전 사용 기준을 반드시 확인·준수하고 안전하게 살포한다.

총채벌레(꽃노랑총채벌레)

가. 피해증상

- 발생 초기에는 잎맥을 따라서 긁힌 듯한 작은 반점이 생긴다.
- 어린 모종일 때는 새로 나오는 잎의 전개가 불완전하여 말리고 위축되며 덩굴의 자람이 나쁘게 된다.
- 많이 발생할 때는 잎 전체에 작은 반점이 생기고 어린잎은 자람이 정지되며 점차 엽록소가 파괴되어 갈변하며 말라 죽는다.
- 어린 과일일 때 표면이 거칠어지고 성과기 때는 과일 표면의 일부가 갈색으로 퇴색한다.

〈그림 8-14〉 피해 잎과 과실 피해증상

나. 형태

- 성충은 1.3mm 정도로 황색을 띠며 유충은 백색이나 담황색으로 0.3~1.3mm 정도이고 백색의 투명한 알은 크기가 작아서 육안 관찰이 불가능하다.

다. 방제

- 아주심기 전 모종에서 발견했을 때는 심지 말고 시설 내 성충이 날아오는 것을 방지하기 위하여 측면에 가림망을 설치한다.
- 청색이나 백색의 끈끈이 트랩을 설치한다.
- 약제는 방제 전에 농촌진흥청 농약안전정보시스템(psis.rda.go.kr) 등에서 농약 최신 등록 사항과 안전 사용 기준을 반드시 확인·준수하고 안전하게 살포한다.

아메리카잎굴파리

가. 피해증상

- 유럽, 아프리카, 북남미, 일본 등에 분포하는 해충으로 우리나라에서는 1994년 광주 시설재배 거베라에서 최초로 발견되었다. 국내에서 피해가 확인된 작물은 수박을 비롯하여 호박, 방울토마토, 거베라, 국화 등이 있다.
- 유충이 잎 조직 속에서 굴을 파고 다니면서 갉아먹는다.
- 피해 부위는 흰색의 줄 모양이 생기고 점차 갈색으로 변색되며 심하면 잎 전체가 말라 죽는다.
- 성충에 의한 피해는 산란관이나 구기(口器)로 잎 표면에 상처를 내고 즙액을 빨아 먹기 때문에 피해 부위에 1mm 정도 흰색의 작은 반점이 생긴다.

〈그림 8-15〉 (왼쪽부터 순서대로) 아메리카잎굴파리 성충, 피해 초기 및 피해 후기

나. 형태

- 성충의 크기는 2mm 정도의 작은 파리로 알은 0.2mm 정도 반투명 젤리 모양이며 유충은 크기가 3mm 정도로 황색, 담황색을 띠는 구더기 모양이다.

다. 방제대책

- 시설재배에서는 창문이나 출입구 등에 가림망을 설치하여 성충의 침입을 차단한다.
- 모판에서부터 발생에 주의하고 피해를 입은 모종을 아주심지 않도록 한다.
- 성충은 황색에 잘 유인되므로 시설 내에 황색 점착판을 설치하여 성충을 유인해 죽게 한다.
- 약제는 방제 전에 농촌진흥청 농약안전정보시스템(psis.rda.go.kr) 등에서 농약 최신 등록 사항과 안전 사용 기준을 반드시 확인·준수하고 안전하게 살포한다.

토양 선충(뿌리혹선충)의 방제

가. 살선충제 시용

살선충제로는 토양훈증제가 주로 사용되어 왔으나 자연생태계 환경보전에 대한 중요성이 인식되면서 현재는 제한적으로 사용되고 있으며, 약제 등록 사항에 따라 안전하게 처리되어야 한다.

비훈증제는 살충효과 면에서 훈증제보다 못하지만 제때에 처리하면 선충 억제 효과가 뚜렷할 뿐만 아니라 일반적으로 부화저해, 발육이나 번식억제 등 선충의 정상적인 기생활동을 여러 단계에서 저해시킨다. 약제는 방제 전에 농촌진흥청 농약안전정보시스템(psis.rda.go.kr) 등에서 농약 최신 등록 사항과 안전 사용 기준을 반드시 확인·준수하고 안전하게 살포한다.

〈그림 8-16〉 초기 시듦 증상 / 후기 시듦 증상 / 피해 뿌리

나. 유기물 시용

현재 선충방제에 주류를 이루고 있는 살선충제는 처리 후 선충의 밀도 회복이 급격하게 빨라지고 있어서 문제가 되고 있다. 선충의 급격한 밀도 회복원인은 이어짓기로 인하여 선충 서식 부위가 깊어져서 살선충제의 효과가 제대로 미치지 못하는 점과 천적에 대한 악영향 때문이라고 할 수 있다.

유기물 시용에 따른 선충방제 효과는 첫째, 퇴비가 많은 토양에서는 선충의 이동이 장애를 받는다. 둘째 천적 미생물 및 비기생선충이 증식하여 기생선충의 증식을 억제한다. 셋째 유기물의 분해과정에서 발생되는 화학물질은 살선충 효과가 있다. 넷째 작물의 생리적 조건에 영향을 주어서 선충 저항성이 향상된다.

다. 육묘 관리

육묘 때 선충에 감염되지 않고 잘 생육한 작물은 그 후 선충이 심하게 기생하더라도 어느 정도 수확이 가능하지만 뿌리가 내릴 때 선충이 기생한 작물은 심한 피해를 받는다.

라. 조기 심기(파종)

뿌리혹선충은 땅의 온도가 15℃ 이상일 때 부화하기 시작한다. 그러므로 2기 유충이 최고 밀도에 도달하기 전에 가능한 한 작물생육을 진전시키는 것도 한 가지 해결책이 될 수 있다.

마. 선충 유입 차단

선충 피해는 지상부의 병과 달라서 재배지 전면에 발생하는 경우가 드물다. 다른 지역에서 유입된 경우도 처음에는 재배지 일부에 국한되지만 점차 퍼져나가서 재배지 전체가 오염된다. 오염 재배지에서 사용한 농기구는 깨끗하게 씻은 후 사용하고 오염된 모종은 모아서 안전하게 제거한다.

바. 태양열 소독

시설재배에서는 여름철 고기온에 작물재배가 곤란할 때에 태양열로 소독하면 방제효과가 매우 높다. 태양열소독 방법은 7~8월경 10a당 볏짚을 1톤가량 작게 잘라서(10~15cm 정도) 넣고 석회 질소를 100~150kg 시용한 후 갈아엎어 충분히 물을 준 다음 비닐로 덮고 하우스를 밀폐하여 한 달 정도 놔둔다. 이와 같이 하면 고온과 유기물이나 석회 질소의 분해과정에서 생성되는 화학물질 및 가스에 의해 기생선충은 죽게 되고 토양 병에 대해서도 상당한 효과가 있다. 볏짚과 석회 질소 대신 밀기울 2톤을 살포하여 유사한 방법으로 소독하기도 한다.

사. 담수

밭작물에 기생하는 선충은 물에 잠긴 상태에서 장기간 생존이 불가능하기 때문에 여름철 1개월 동안 재배지에 물을 담아 두면 대부분 죽게 된다. 논과 밭을 번갈아가며 사용하는 토양에서는 기생선충의 밀도가 매우 낮으며 논밭을 돌려짓는 땅에서 나타나는 선충 피해는 이미 모판에서 감염되었을 가능성이 높다.

※ 수박 농약 방제 전에 농촌진흥청 농약안전정보시스템(psis.rda.go.kr) 등에서 농약 최신등록 사항과 안전사용기준을 반드시 확인·준수하고, 방제 시 농약 비산에 각별히 유의하여 안전하게 살포한다.

핵심만 콕콕!!

제8장
수박 병해충 방제

1 우리나라 수박재배 병해충 발생 상황

- 노지재배 시에는 역병, 탄저병, 덩굴마름병 등에 의한 피해가 많이 발생하며 시설재배에서는 균핵병, 흰가루병 등이 많이 발생하고 있다.
- 촉성재배 / 반촉성재배 시 균핵병과 덩굴마름병 등이 많이 발생한다.
- 여름재배 및 억제재배의 경우 흰가루병의 발생이 많다.

2 병해 발생 조건

- 병해가 발생하는 조건은 병원균이 있어야 하고 병원균이 침입, 증식, 감염하는데 알맞은 재배 환경이 갖춰졌을 때이다. 또한 식물체가 병에 걸리기 쉬운 상태에 있을 때 병해가 발생한다. 이 3가지 조건이 모두 충족되어야만 병해가 발생할 수 있다.
- 수박에 병을 일으키는 병원균에는 곰팡이, 세균, 바이러스가 있다.
- 병해 발생은 재배 환경(기상환경, 토양환경, 재배 방법 등)과 밀접한 관계가 있다. 특히 수박에 병이 발생하는 데 적합한 온도는 20~30℃이다.
- 식물체가 병원균의 작용을 억제하는 저항성을 갖고 있다면 증상이 없거나 병반이 아주 적을 수 있다. 저항성 품종을 육성하기 위한 연구가 꾸준히 진행되고 있다.

농업기술길잡이 목록

가지
가축분뇨처리와 자원화
가축위생과 질병(기타 가축)
가축위생과 질병(닭)
가축위생과 질병(돼지)
가축위생과 질병(소)
가축인공수정과 수정란이식
간척지 작물 재배 기술
감
감자
감초
거베라
건강한 생활을 위한 화훼장식
경관작물
고구마
고추
고품질 감귤 생산지침
곤충산업
과수병해충
과수시설
과수적지 선정기술
과원토양관리
관상화목류(Ⅰ)
관상화목류(Ⅱ)
관엽식물Ⅰ
관엽식물Ⅱ
구근화훼
국화
귀농귀촌
기계화영농(이앙기, 방제기)
기후변화 대응 식량작물 안정 생산 기술
나리
낙농
논농사기계
농경지 토양 관리기술
농산물 수확 후 처리기계
농산물 우수관리, GAP
농산물 저장과 가공
농약 바르게 이해하기
농업경영 마케팅
농업기계 안전이용기술
농업시설 기상재해 경감기술
농작업 유해요인의 노출평가와 개선
농촌 치유관광
누에
당귀
당근
도시농업
돼지 기르기
두류
딸기
마늘
말
망고
맥주보리
메밀
멜론
무
무화과
밀
밭농사기계
배
배추
벼 직파 재배기술
보리
복숭아
부지화 시설재배
부추
블루베리
뽕나무·오디
사과재배
사슴 기르기
산채류
살구·체리
삽주
상추
석류
새로운 아열대 및 열대과수
새로운 자원작물
생강재배
생활원예
선인장
수경재배
수박
수수
숙근화훼류
시금치
시설원예
시설원예 에너지 절감기술
시설원예 토양관리
식물공장
식용곤충 메뉴개발 및 사육기술 표준화
식용버섯
심비디움
싹채소와 어린잎 채소
쌀 품질 고급화 기술
아마란스와 퀴노아
애완학습곤충
야콘
약용버섯
약용작물
양계
양란
양봉
양채류
양파
여주
엽채류
오리
오미자
오이
옥수수
온주밀감 월동수확
올리브
올바른 비료 사용법
우리꽃 기르기
우리가 알아야 할 농업유산
원예산물 수확 후 관리
원예산물 저온유통
유기농 쌀 생산
유산양
유지작물
유채
육우
인삼
잇꽃(홍화)
잎들깨
자두·매실
잡초방제기술
장미
재래 돼지 기르기
전통발효식품
전통지식자원
정원과 도시녹화
조·기장
조사료
조사료 생산기계
주민이 함께 가꾸는 농촌마을
주요 원예·특용작물 재배력
차
착색단고추
참다래(키위)
참외
채소 병해충
채소의 영양장애
철쭉
초화류
축산기계
축산환경과 시설
치유농업
카네이션
칼라
콩
토마토
퇴비 제조와 이용
파
팥
포도
프리지어
한우
한우 섬유질배합사료 제조기술
헤어리베치
호박
화분매개곤충 뒤영벌
황기
흑염소 기르기